最強的時間管理

畅銷全球的時間管理經典

Frank B. Gilbreth

佛蘭克・B・吉爾布雷斯 —— 著　王奕偉 —— 編譯

管理時間的秘訣，
不是更勤奮的工作，
而是要更有效率的工作！

完整呈現「時間管理藝術」的經典之作

20%的工作時間將完成
80%的工作成果。

THE TRUTH ABOUT TIME MANAGEMENT

時間是世界上最短缺的資源，除非善加管理否則一事無成。
—— 現代管理學之父彼得・杜拉克

引子：從業務員做起

馬上要畢業了，史帝芬還始終處於煩惱之中，看著周圍的同學一個個找到了滿意的工作，史帝芬的心裏真不是滋味。

史帝芬就讀的是哈佛大學的ＭＢＡ。剛進學校的時候，史帝芬就暗下決心，一定要學出個成績來，爭取在畢業的時候找到一份讓自己滿意的工作，也讓原來的同事們看一看，他史帝芬不是一個甘於平庸的人。

很快的，三年的學習生涯結束了，史帝芬終於以優異的成績畢業了，他對自己的未來也充滿了信心，但此時的史帝芬與入學時相比，卻發生了很大的變化。

ＭＢＡ教育，讓他真正認識了企業的管理知識富於挑戰性，像「ＪＩＴ管理」、「ＥＯＱ模式」等新鮮的概念，史帝芬都是在課堂上才第一次知道，特別是他在暑假進行企業調查研究的時候，更讓史帝芬對從事企業工作產生了一種非常濃厚的興趣。

史帝芬在想：總有一天自己也會成為一名真正成功的企業家。

從此以後，史帝芬總是在想，他為什麼要進入這所名校讀ＭＢＡ，僅僅是為了獲得高薪嗎？當然，以史帝芬現在的學業成績，要想找一個體面而又有著很高收入的工作並不是很難。事實上，他周圍的同學每人所談論的都是如何進入通用、摩托羅拉這樣的大公司工作，一開始，史帝芬也在積極地參與這些討論，因為這也是他所嚮往的工作。

進入大企業，再找一個漂亮的老婆，這些目標已經隨著畢業日期的臨近離史帝芬越來越近了。史帝芬對找到這樣的工作充滿了渴望與信心，女朋友也有了，是被大家一致公認的「校花」，史帝芬想像著自己畢業時即將在高級辦公室裏工作的情況，禁不住也獨自暗暗得意起來。但是，一個講座改變了史帝芬的想法，那是在畢業前夕，史帝芬已經拿到了惠普公司和通用公司的通知，即將成為一名高級管理人員，這時處於選擇中的史帝芬天天跟女朋友商量應該去哪家公司。

女朋友的意見是去通用，因為這樣不僅可以進入她十分喜愛的公司，而且可以發揮史帝芬的才幹，但史帝芬的傾向是去惠普，史帝芬的意見是：在ＩＴ時代，不進入知名ＩＴ公司，就意味著落伍。兩個人誰也說服不了誰，還好一時之間也不用作出判斷，因為離最後報到還有幾天時間。

一天，史帝芬偶然看到了一個海報，他所佩服的企業界傳奇人物拉菲爾先生正在他們學校進行演講，史帝芬連飯都沒有吃完就急急忙忙跑去。演講的主題是「學會從業務員做起」。學生們聽得聚精會神，演講臨要結束的時候，一位同學所提出的問題引起了史帝芬的注意。

「拉菲爾先生，如果您處在現在這個年代，您還會選擇從業務員做起嗎？」

拉菲爾先生認真地思考了一下後，很肯定地回答：「是的，我想我還會選擇從業務員做起，業務員並不可恥，比如說：ＭＢＡ是社會的精英，但是業務員同樣也可以成為精英，我相信如果ＭＢＡ去從業務員做起，那麼也許他會獲得更為快速的自我發展，所以我認為我們不應該只想著大公司，拿高薪，事實上，對一個有志向的青年人來說，應該學會從小事做起，或者選擇去那些更能發揮你們才幹，但在別人看來也許微不足道的業務員做起……」

聽完這段話，史帝芬只覺得自己臉上火辣辣的，似乎拉菲爾先生的回答是說給他聽的。史帝芬開始了認真的思考，他想：「我為什麼要選擇ＭＢＡ，一個年輕人是否都該像拉菲爾先生所說的那樣，活得才更有意義呢？」

當天晚上，他失眠了，他不知道，一旦改變自己的畢業選擇，女朋友會不會有意見？會不會把他「一腳踢開」？畢竟，不是每個人都能拿到通用和惠普的入職通知。

第二天，史帝芬猶豫著把自己的想法跟女朋友說了，果然，女朋友一聽就急了。

談到最後，女朋友下了最後通牒：要麼明天去報到，通用、惠普哪個都可以；要麼就去尋找你的「理想」，我們各走各的路。

史帝芬不想和女朋友鬧翻，但「魚和熊掌不可兼得」，史帝芬已經覺得自己內心的激情被演講激發出來了，他意識到，自己之所以下決心不去通用或惠普報到，並不是因為選擇的艱難，而是根本就沒有觸發他內心的激情，這才是最重要的。

史帝芬覺得自己真是豁出去了，眼看著同學們一個個地去報到了，不是大企業就是大的銀行，史帝芬的心裏真的不是滋味。但決心已下，他也不想再做改變了。畢竟，這次選擇對他來說，是非常不容易的。

接下來，史帝芬聯絡了一家他很早就接觸過的公司，史帝芬要求從公司的最普通業務員做起，史帝芬對公司的未來發展充滿了信心，對於自己的實力，他也毫不懷疑。公司的董事長詹姆斯先生，對他的加盟表示了最熱烈的歡迎，但同時也告訴他，要做好吃苦的準備，公司打算把他先派去做銷售員。

沒有和任何同學打招呼，史帝芬一個人靜悄悄地離開了學校。他暗暗發誓：一定要創造一個奇蹟，不僅僅是為了個人的成長，也是為了證明自己的選擇。

最強的
時間管理

目錄

一部完整呈現
「時間管理藝術」的經典之作！

有效的時間管理一：明確目標

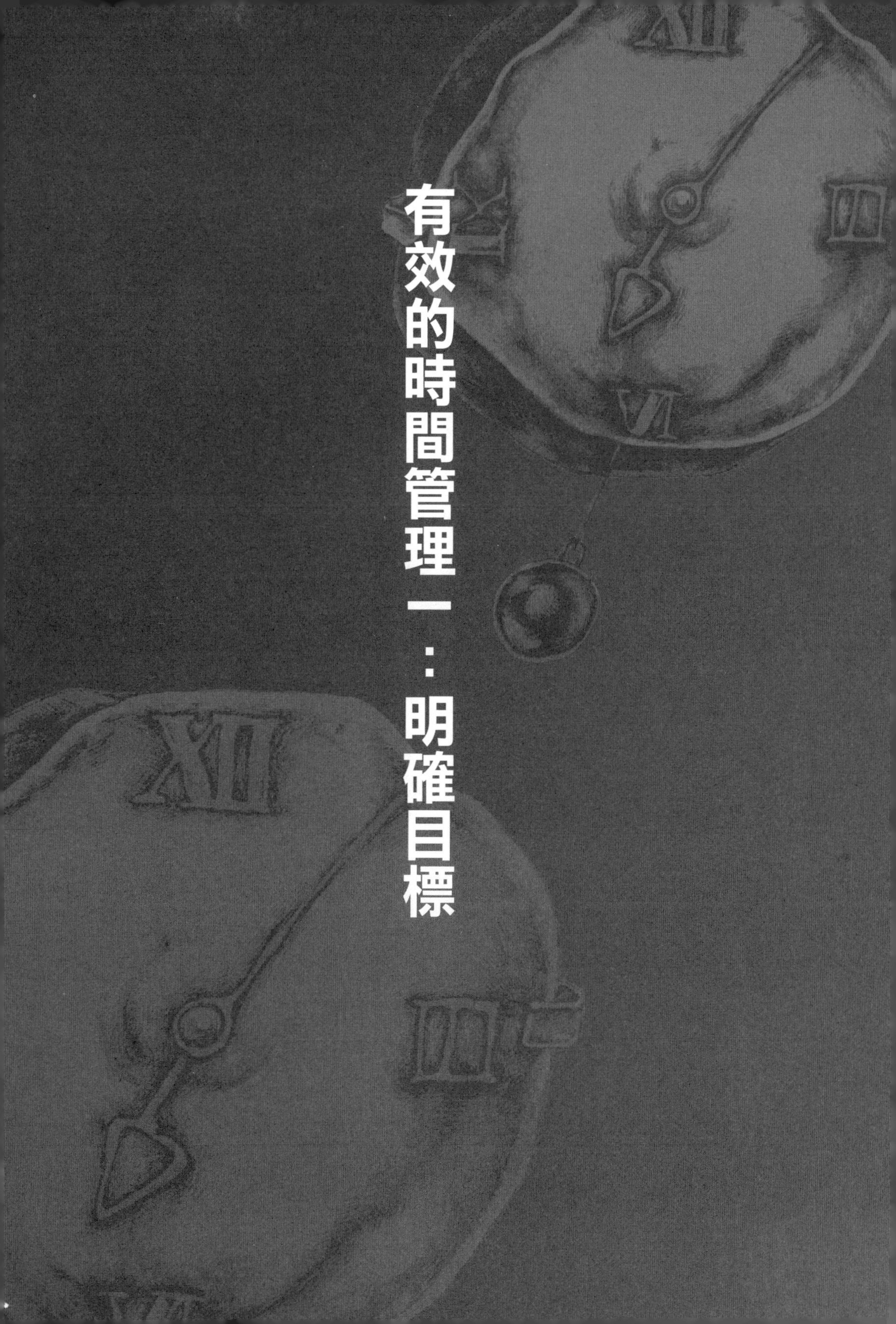

史帝芬的煩惱

新的生活就這樣開始了，史帝芬開始了忙碌而又充實的工作。作為最基層的業務員，首先要做的就是如何開拓市場，應該說，史帝芬的腦袋裏也沒有什麼概念，因為課本裏沒有教給他。

公司裏的同事告訴他：可以先從打電話開始做起，即從電話簿裏尋找目標客戶，向他們講解產品，然後再登門拜訪。

很快的，史帝芬就找到了竅門，一天之內也可以聯絡上幾個客戶，史帝芬將這些客戶一一列在名單上，準備登門拜訪。

史帝芬計畫用一週的時間見一遍所有的客戶，然後再選擇有潛力的客戶進行第二次、第三次的拜訪，直至成交。

史帝芬希望能在最短的時間內完成這個任務。

一週的時間很快就過去了，史帝芬始終處在忙碌狀態。他每天的行程都排得滿滿的，工作的勞碌讓他忘記了失去女朋友的煩惱。史帝芬幾乎每天都在疲於奔命中度過，但是讓他苦惱的是，計畫的順利執行遠比他想像的要來得艱難。往往是一天計畫見五個客戶，但是到了晚上一盤點白天的業績，卻是沒有一次能實現，甚至有的時候，一天只能見一至二個客戶，這讓史帝芬常常感覺時間非常不夠用，而且常常自己已經精疲力竭了，但是別人卻不認為你盡了全力。這些委屈壓在心裏，深夜的時候常常讓史帝芬感到非常痛苦和煩悶。特別一想到詹姆士經理那張繃得越來越緊的臉，心中更覺得無奈。

史帝芬陷入了他工作之後的第一次危機，甚至對當初離開女朋友，放棄那麼好的工作，而從事這麼卑微的業務員工作的信念，發生了嚴重的動搖。但是雖然痛苦，史帝芬依然必須強迫自己睡眠，因為他明天必須去見一位非常重要的客戶。

第二天一早，史帝芬匆忙走出了家門。半個小時之後，史帝芬已經站在市中心最繁華地帶的一家咖啡廳門前，看了看門口的招牌「星巴克」，不由歎了口氣。

「我為什麼會在這裏，曾經我也是咖啡廳的常客，可現在我實在沒有這個心情。還有很多客戶要拜訪，這個任務可能又要無法完成，我已經忙得焦頭爛額了，這樣下去別說是當經理人，恐怕……唉，有什麼辦法，誰叫約我來的人是我的前輩，還是我目前最大的客戶呢！」

史帝芬的思緒回到了一個星期前。當他踏進B公司的大門時，無論如何也想不到自己有多少好運，但是，就在這一天，他遇見了一個了不起的人，一個真正的成功經理人——傑爾先生。很早以前史帝芬就聽說過他的大名，聽說了他作為一名成功經理人的故事。

當時，他和有名經理傑爾先生的交談是這樣開始的。

「你好，我是C公司業務員，我接受公司委託來向您推薦本公司新產品……」剛見到一分鐘經理時，史帝芬有點緊張。一分鐘經理笑了：「年輕人，剛開始做這一行嗎？」

史帝芬愣了一下：「啊，是的，您怎麼知道？」

一分鐘經理沒有回答，「我看你像是剛剛離開校門的大學生，是嗎？」

「是的，我畢業於××大學。」史帝芬有點兒驕傲。

「哦，是嗎？我也在那裏拿過學位，算起來我們是校友了。」

史帝芬有點兒吃驚，潛意識裏，他覺得今天運氣不錯。

接下來的會談輕鬆而愉快，史帝芬看著眼前這位輕鬆自信中透著威嚴的前輩和校友，不禁有一種非常親切的感覺。史帝芬向一分鐘經理談到了自己的理想和抱負，剛出校門時的選擇，以及自己目前的苦惱。看上去，一分鐘經理對史帝芬的故事產生了濃厚的興趣。確實，這使一分鐘經理想起了自己拼搏進取的經歷。「年輕真好！」一分鐘經理暗想。不過，一分鐘經理也意識到眼前的史帝芬遇到了人生的困境，但是這位年輕人有理想，有抱負，好學，有不可遏止的上進心，經過磨練，必成大器。多年來對人才的愛惜，使一分鐘經理動了惻隱之心，一分鐘經理決定幫史帝芬一把。

但一分鐘經理知道，自己不可操之過急，要允許他犯錯誤，於是一分鐘經理不動聲色繼續與史帝芬輕鬆地聊著，只是在史帝芬準備告辭時，一分鐘經理看著他說：「年輕人，工作敬業是應該的，但是也要勞逸結合，身體是本錢呀！」史帝芬有點兒不好意思，連續幾天早出晚歸，已使他一臉的疲憊，滿眼紅絲。他無奈地說：「沒辦法，要跑這麼多客戶，還有很多瑣事纏身，時間實在不夠用啊！」

一分鐘經理笑著搖了搖頭：「時間對每一個人都是公平的。」

史帝芬很好奇地問：「我曾經聽說過您的經歷，瞭解到您是一位相當成功的一分鐘經理人，您可以給我什麼建議嗎？」

「這樣吧！週末我會去喝咖啡，你也來吧，順便放鬆一下，也許你就會找到掌握時間的金鑰匙了。」

就這樣史帝芬現在站在了這裏，並帶著疑惑走進了「星巴克」。

聽著輕鬆的音樂，品著咖啡，史帝芬的精神有了一點好轉，但是心裏卻感到非常著急。看著一分鐘經理不急不忙的神態，史帝芬真擔心一個上午就這麼的過去了，那樣的話，詹姆士經理的臉色……史帝芬不由一驚，但是對一分鐘經理的尊敬和崇拜，使史帝芬不能失禮。

此時，一分鐘經理已經注意到史帝芬的神態變化，但是他還是保持沈默的樣子，不急不徐地品著咖啡，偶爾評論一下咖啡的品質、產地和種類。但看上去史帝芬已經開始顯露出一種心急如焚的神情，心思已經完全不在這上面了。一分鐘經理估計時候到了，彷彿是不經意地說：「年輕人，看上去你這段時間很疲憊，要注意身體，磨刀不誤砍柴功呀！」

史帝芬身子動了一下，顯然一分鐘經理的話產生了作用，「磨刀不誤砍柴功」，史帝芬反覆琢磨著這句話。「不錯」，一分鐘經理人回答，「你目前的處境就是因為你沒有樹立正確的時間管理觀念，你只根據自己簡單的想法去做事情，你忽視了時間是需要管理的，而管理是需要一些技巧和方法的，只有用技巧管理你的時間，你才能真正發揮時間的價值，你也才能在工作和生活面前遊刃有餘，而不是精疲力竭或者焦頭爛額了。」

一分鐘經理的一番話語讓史帝芬徹底冷靜了下來。

「時間管理」像一道閃電擊中了史帝芬，「是啊！自己怎麼就沒想到呢？」史帝芬暗暗自責，同時也為一分鐘經理的精闢見解所傾倒，他徹底冷靜下來，決心向一分鐘經理徹底求教。

一分鐘經理很愉快地接受了史帝芬的請求，答應每星期在這裏為史帝芬講授一個時間管理的重要法則。今天是第一個法則。

樹立你的時間觀念

一分鐘經理愉快地說：「在落後的管理觀念中，人們看不到時間的價值，不知道時間的作用。如工廠裏工人漫不經心；訂某一項的合約，需蓋半年橡皮圖章，而此時引進的器材也已成為過時的器材等等。成功與成就往往來自科學地安排時間，現代人一定要樹立時間觀念。」

如何樹立現代管理的時間觀念？

把握時機　機不可失，時不再來，抓緊時間，可以創造機會。沒有機會的人，往往都是任時間流逝的人。很多時候，機會對每一個人都是均等的，行動快的人得到了它，行動慢的人自己錯過了它。所以，要抓住機會，就必須與時間賽跑。

要管理好自己的時間　現代人從事企業工作，重要的是時間的管理，很多人十分辛苦，每天早出晚歸，疲於奔命，但如果認真研究，仍可發現，許多工作是在白白浪費時間。結果，大事抓不了，小事也抓不到，企業人應有自己的時間安排，抓住關鍵，掌握重點。

講話、開會也要講究成本　經常開會，講話既多又長，並非優點。有效的會議，用時不多，又取得成效。日本一位著名企業家認為，在走廊上碰個面，也可相當於開個小會。「文山會海」無非是浪費了自己的時間，也浪費了別人的時間。這些時間，本來可以生產很多產品，這就是會議的成本。應該計算一下，有效益的會當然可以多開，如果沒有效益，還是應該減少這樣的會議。

進行時間管理學的研究　時間觀念已成為現代管理的重要觀念，浪費時間，就是浪費金錢，就是降低效率。應該重視對時間管理學的研究，設立專門的時間管理學課程，讓每一個人都用正確的時間觀念思考問題，講求效率，充當時間的主人，迎接未來的挑戰。

企業人士節約時間的秘訣：

一、處理公務切忌先辦小的，後辦大的，應先做最重要的事。

二、用大部分時間去處理最難辦的事。

三、把一部分事交給秘書去做。

四、能打電話解決的問題就打電話，少寫信，必須寫信時就儘量寫短信。

五、減少會議。

六、擬好工作時間表。

一部完整呈現
「時間管理藝術」的經典之作！

七、分析自己利用時間的情況：多少時間被浪費了。

八、儘量利用空餘時間看檔案。

時間是常數，只要運用得當，便能從時間中產生巨大的經濟效益。

職業生涯設計

時間觀與人生觀相關聯。一個人的人生觀決定他的時間觀，研究人生，必須研究人是怎樣生活在時間中、人與時間的關係，時間觀中包含著人生觀。研究時間，必須研究時間與人的關係。許多人，包括青年人、中年人和老年人都知道時間的可貴，但卻仍然缺乏內在的力量去把握時間，讓時間白白流失。那麼把握時間的力量在哪裏？它就在你身上，在你的崇高的生活目標裏。一個人只要有了崇高的生活目標，明確在什麼地方有權使用自己一生的時間，在什麼地方無權濫用，有一個使用時間的概念，才能正確對待時間、把握時間、利用時間，成為運籌時間的人才。

現代科學，面廣技繁，不是任何人隨便就能學得了的。人的精力是有限的，如果朝三暮四，忽而想學這，忽而又想學那，反覆多變，就會白白浪費寶貴的時間。所以，我們在把一生的時間當作一個整體運用時，首先要考慮用在哪，就是說首先要選好目標。

時間屬於有崇高生活目標的人。歷史的發展就是這樣公正而無情。

你可以為自己希望成就的事業畫張圖，目的在於讓你創造一張「未來遠景圖」。你的遠景圖必須是長期的、艱難的、冒險的，而且多少是由直覺所產生。但是，記住，這幅未來遠景圖一定要投射在現實的世界中。假如你要這幅遠景圖有用，它就必須是可以達到的，而且是你自己感到滿意的，如此，在未來歲月中，它才會刺激你、指引你。

看看報紙上的求才廣告，就能發現有不少的公司希望找到經理、保全人員、技工等。它們正在為自己的企業補缺，為自己的問題尋找解決。所以，你未來的事業，不應該只是幻想，而忽略了市場。建立一項事業，必須能夠配合工作環境的需求才行。

普遍認為，能從市場角色「假想」事業的人，必定是一個理智而審慎的人。市場是一個企業以外的經營科學，它審察現有的顧客，將他們分類，並尋找有潛力的顧客，預測他們的希望和需要，同時持之以恆地評估各方競爭實力。市場部門是一個公司中的才智部門，他們為自己所在的企業服務，並且使自己所在的企業保持競爭優勢。

市場學的歷史很短。哈佛大學商學院的李維教授（Theodore Levitt）發表一篇題為《市場近觀》的報告，報告中指出，企業的生存依賴於滿足顧客的每一項需要。由此，李維將市場觀念介紹給全世界的從商者。

總括而論，市場學主張的是，顧客第一，這一點和行銷很不同，行銷是運用計策，使人購買某種產品的技巧。

以上觀念都與從事商活業動者有關。從事商業活動者，應該讓自己成為「創造顧客」及「滿足顧客」的角色；他（她）應該「仔細研究」顧客的需要，而不是依賴自己的揣測；他們也應該避免過分依靠短期的成功，因為，深謀遠慮對長期成功的思考的價值實在重要得多。

現在，假想你請了一位市場調查員，而把你自己當作是一項產品。第一步，這位市場調查員要探究你可出售的潛在資產是什麼，估量你的長處、短處和弱點，然後區分出有潛力的產品或服務。優秀的市場調查人員還會大力強調檢查你個人努力的動機，因為這是精力和承諾之源，個人的努力正是由此發動。

當餐飲顧問的約翰，敘述他如何瞭解到外界評價的重要。他說：「在我最初提供諮詢服務時，我的注意力全放在自己的想法和感覺上面；我全神貫注於自己的精神、需要、外貌和尊嚴。後來有人告訴我，顧客不會對我有興趣，他們所要的是圓滿的安排。於是我開始思考如何才能對人有用，這實在是個轉捩點。」約翰等於在自己和顧客之間搭了一座橋。從事商業活動者也應如此，但卻得花一段很長的時間去搭橋。

計畫四要素

目標必須具備下列四項要求，缺一不可：

目標要有可信性　再重複一次，目標必須要有可信性。那麼目標應當對誰有可信性呢？當然是你自己。別人信不信不重要——你自己不相信，就無法實現。

清楚的界定目標　如果你的目標含混不清，等於沒有目標，只是願望而已。目標必須明確，愈清楚愈好。不要寫「我要賺大錢」，而要明確「我要賺××（數額）」。加上期限。比方「年底前」、「二XXX年」。這樣才是明確的目標。至於如何賺？賺到錢後要買什麼……統統要寫清楚。

需要有強烈達到目標的欲望　不只是想要，而是「熱切」的欲望。如何讓自己擁有熱切的欲望呢？

生動地想像目標達成後的情形　能生動地想像到，則目標已達成了一半了，多次練習，它就成為你的掌中物了。

舉個例子來證明：有個女孩，身高一．六米，以前曾經胖到七十五公斤。她花了一個小時設定目標，計劃要十九個月後體重減輕三十公斤。

讓她改變的關鍵因素不大。她把她想要穿的衣服照片掛在床頭，每天看三次，想像自己穿起來多麼美麗迷人，她的確吃了一番苦頭，但到最後終於苦盡甘來，一切痛苦都已不復存在。她開始新的自我、新的興趣、機會，更具自信。總之，只有吃得苦中苦，才能得到成功，而過去的痛苦很快就被成功的喜悅取代了。

縝密的思考是繪製藍圖的前提

有一對夫婦，他們為自己定了計畫，要在三年內在海邊蓋一棟別墅，但是他們失敗了。然而，哪裏錯了呢？這對夫婦的確有幅「未來遠景圖」（一棟海邊別墅），但卻沒有充分考慮它的可行性。像「小山丘」和「鄰人不友好」這些可以預測的問題都沒有事先覺察，所以他們的「未來遠景圖」不夠完善，反變成一個可笑的護身符，缺少一個理智的、日有進步的計畫基礎。

看清自己的欲望，是個人謀略的重要工具。所以，「想要什麼和比較可能實現」，這個好似荒謬的觀念，愈來愈受支持了。這當中的假設是，如果你極為渴望某件東西，你實際去爭取的可能性會增加。

「未來遠景圖」是把意義引進事業的基本工具，它統合了各自分離的成因，而且給人一些簡單、延展、滿意、連貫的目標。套用一位專家的說法，一幅未來遠景圖使人能「集合意志」，為機會、利益等做準備。

事業藍圖的四個基本要素

事業藍圖，有一部分可以是幻想，但不應是不符實際的空想，它有四個基本要素：

明確的假定

雖然你在有的時候無法證明你所做的什麼是好、什麼是壞、什麼有效、什麼無效、什麼值得、什麼不值得的假定，但是你必須做決定，並且有一個明確的假定，這就是你的目標，並且要把它表達出來。

影響你事業的內、外假定，都要表達出來，而且要測驗它們有無合理的連貫性和實際性。英國教會的牧師理查，在接待一位訪問者時做了如下的評斷。

訪問者：你原是製圖員，後來決定換工作嗎？

理查：是的，但過程並不容易。在繪圖室中，我覺得自己是個沒有實際目標的人，既浪費了時間，又對世人毫無貢獻。後來我開始從光明與黑暗爭鬥的觀點看一切事物，我漸漸相信自己有才能，便開始對人談起我對事物的看法。我希望表達自己的想法，並想想自己相不相信自己所說的話。

訪問者：所以你和許多人做了許多的交談。

理查：對，其中許多談話都有重要意義。有一次我在酒店和我的醫生交談，他問我：「你能不能用五個簡單句子，說明你認為重要的事物？」我告訴他了，而且他一一應答，那次交談結束後，我便知道自己已進了一大步了。

詳細的擬議

有效的「未來遠景圖」比較像建築師的模型，而不是二度空間的圖畫；它們應該從粗略的畫圖改進為三度空間的模型，這也就是要證明，所有實際問題至少都在模型中解決了。有效「未來遠景圖」應該經過詳細的思考。聾兒教育者戴娜的回答足以證明這一點：

有人問：你原是公務員，後來決定改變，你怎麼會有這個想法呢？

戴娜：以前我每天早晨要七點多擠公車去上班，我知道我想要些不同的東西，而且覺得對有關兒童的工作很有興趣。透過一項義工的工作，我認識了富蘭克博士，一個了不起的人。他利用等於是第六感的東西與聾人溝通，他已經學會擴展聾人的其他知覺，使他們更方便的與人溝通。我希望成為他診所裏的學生，但我真是要好好考慮了！住哪兒？我能賺多少錢？失去社會地位會有什麼感受？不安定對我有什麼感覺？這是我的目標嗎？

提問者：你考慮這些實際問題之後有什麼做法呢？

戴娜：我寫了一篇像在學校時寫的論文，題目叫《重新開始》。這是我依照可能的設計，對假如加入富蘭克診所後的生活描繪。兩周後我又讀了一遍這篇論文，然後連同信函呈交我就職的公司。這篇論文告訴了我自己想要的是什麼，以及它是否切實可行。

有用的「未來遠景圖」一定要完全清晰可辨，這是確保不會成為紙上談兵的先決條件。不詳盡的遠景圖只是一種大冒險，因為它給人虛幻的指引，而沒有可做睿智決定的必要深度。所以，凡想依靠虛幻夢想，而不將思考付諸理性分析的人，是拿未來在做大冒險。

令人振奮的圖像

有用的「未來遠景圖」是樂觀而有激勵作用的，因此，對前途抱憂鬱悲觀看法無異是一種局限。像一位護士就如此說：「我很怕瞻望未來，我的一生已在十四歲時由別人為我做決定了。我出生在醫生世家，所以我很自然就走上護理之途。這個工作很緊張，我很想展翅高飛，很想暫時停止做個這工作。但這是不可能的，我負有道義責任和經濟壓力，這就是我生活的方式，就像受了詛咒！」

含有希望和進步的「未來遠景圖」給就業者的好處最大，它提供途徑讓人表達充滿積極力量的情感。傑瑞，一個有錢的企業家，便深知它的價值。

有人問：你是如何決定投入一個新的冒險呢？

傑瑞：一部分是勇氣問題。我先看清楚吸引我的是什麼，然後沉思，看我對這些有什麼感覺，我希望能激發奮鬥的心情。我們其實比自己所想像的還聰明，如果事情是不錯的，我可以感覺得出來。

提問者：大部分是「感覺」問題嗎？

傑瑞：起初是的，但之後我會把這些觀念交給自己的「指揮測驗」，徹頭徹尾地品評，從各個角度推敲，我絕不潦草做這個測驗。假如觀念抵擋得了這枯燥嚴酷的考驗，到那時候——只有到那時——我才會認真想它。

提問者：所以這是心與智的結合。

傑瑞：正是，但其中還有一個成分，我稱它為「吸引力」。例如，我可能相信某事，但仍對它沒有興趣；必須我對那件事有興趣、去投入，這才是走對了路。

切合實際的長期目標

有效的「未來遠景圖」絕對不能全然的不可思議。譬如傑克或許可以成為一個作家、政治家或大學教授，但絕不會成為一個拍洗髮精廣告的模特兒（因為頭髮太少）、運動員（肌肉也少）或調酒師（嗅覺太差）。

此外在邏輯上產生了矛盾：「未來遠景圖」是可能發生的，但理論上未來是極難預料的，什麼事都可能出現，又怎能測驗「未來遠景圖」正確與否呢？答案是：「不錯，但是……」假設一個人往空地上一坐，把禿頭給母牛舐一舐，結果，因為一些魔幻過程，長出了一頭新髮來（譯注：這是英國人傳說的一種方法），然後他也許可以成為一個拍洗髮精廣告的男模特兒，可是，像這種事發生的可能性微乎其微。固然天底下事事可能，但人類的經驗都告訴我們，有的事是奇蹟，而非人力可以達到的目標。聰明的就業者不會把他（她）的未來，放在假設奇蹟出現的基礎上。

堅定的原則

事業的「未來遠景圖」不可避免地與信念與價值觀有關，假如你不知道什麼事值得做，你怎能辨別該往哪裏走呢？

最有幫助的觀察報告，需含有精神性質，律師湯姆對這一點說得很清楚：「我一向希望受人讚賞，我隨時準備為此，犧牲我一部分生活；但是，自始至終做我所相信的事也很重要，生活品質是藉藝術和經常接觸美好事物而提升的，我沒有辦法證明這一點，但我卻深信如此。所以，要使這一點成為事實，對我而言很容易。」

愛麗絲發現，她的價值觀是她「未來遠景圖」的主要源泉，她會設法使一些信念成為事實。事實上她已經發現了一些「澄清價值」的原則，這些原則可以成為一份有用的價值檢查表。

一幅「未來遠景圖」應符合這六個標準：

- 是從幾個選擇中挑出來的。
- 每種選擇的結果，都一一做過評估。
- 所做的選擇受珍視，而且感覺上「不錯」。
- 你對之感到驕傲，而且願意告訴別人。
- 你打算以行動完成你的「未來遠景圖」。
- 它適合你整個生活模式。

事業的「未來遠景圖」可以說是一份豐富的個人報告書，它捕捉了你希望此生實現的事，絕非好高騖遠。但它需要一個理智的、日有進步的計畫基礎。

腳踏實地的短期目標

「短期計畫」是一種獨特的工具，它是意義和行動之間的橋樑，使熱切的理想能紮根於現實世界之中。

就像漁夫所說的：「網子漸漸收攏了。」做了許多探究之後，你現在對未來遠景比較清楚了，下個階段便是把這些策略性的洞察轉化為行動，同時確定具體目標，使自己有明確的前進方向。

現在讓我們以一個比喻，想像下面這個景象：作戰時，將領們坐在戰略室裏擬議戰略，好像在玩象棋似的挪動大軍，他們新創了一些長遠的行動方案，並且評估其中的冒險成分。與此同時，戰場某處的戰士靜待在戰壕內，考慮要怎麼前進到下個山頂，因為那上面有個防守位置很好的機關槍陣地，可以控制整個村莊。

我們每一個人關注的是戰壕內的戰士，那些短暫的前進，都是更廣闊事業策略的重要部分，我們假定你已經定好了事業的最終目標（什麼，你還沒有定好？那麼，回到上一章再做一遍！），現在你需要足夠的理智和準確度，去把最終目的分解成一個個具體的短期計畫。喜歡讀偵探小說的人都知道大偵探都是用小心研究加上一點點靈感，來解決神秘的犯罪案件的，開創事業的人同樣也需要留意細節。

當然短期計畫必須明確具體。

有些人的目標用很籠統的詞句表達，譬如：「當一名成功的醫師」；有的則比較具體，如「要能有效治療某一種病」。廣泛的事業目標很重要，因為它們有整體的觀點，可以解放想像力，幫助我們探究所有可能的選擇。但是，廣泛的事業目標卻不能確定自己具體要做的是什麼，由於這個緣故，我們需要具體的事業目標。

假如你有了一個廣泛的事業目標，然後自問：「我如何達成這個目標？」把你所能想出的答案記錄下來。

現在，它們已夠具體了，能提供給你所需要的幫助了嗎？假如仍不能，就針對每一點再問：「我如何達成這個目標？」最後你會發覺，眼前出現的是呈金字塔形的目標網，塔尖是廣泛的目標，底部則是無數具體的目標，它們直接指向有範圍的行動計畫。

下面就是個例子：

目標有兩種，「輸出目標」指的是可以丈量方式完成的目標；「能力目標」則比較難懂，但重要性一樣，這種目標用來回答這個問題：「為了成就我的輸出目標，我必須擅長於什麼？」輸出目標和能力目標可謂攜手並行，相互支持。

有一位生長在長年下雪地方的人，從小就要幫助父母掃屋頂上的雪。小學六年級的時候，發生積雪深達三米的暴風雪，連他屋頂的積雪也超過兩米。雪的比重，視含水量的多寡而定，多的時候會有○．三至○．四。也就是說，一立方米的雪就有三、四百公斤重，若蓋滿整個屋頂，重量有幾十噸重，會把屋頂壓壞。因此，必須全家總動員去掃雪。如果是幾十噸的鐵，即使大人也無法移動。而雪，可以分為無數個小部分，小學生也可以輕而易舉地搬動它。

因此，依據自己的能力來分配，即使能力有限，也可以一點一滴地將事做完。在這地方長大的人，因為都已習慣了這種事，所以很清楚做事的方法，大人要做五次的，小孩就以十次來完成。

這個小學時代的經驗，對他日後的學習以及工作都有很大的影響，也就是說，再大的目標也和掃雪一樣，可以在自己能力範圍內劃分，一點一滴地做完。

我們稱這種方法為「因數分解法」，不論是大學入學考試，或是會計考試，學習的方法基本上皆可用因數分解法分割、細分化。

「幾十噸重的東西，根本搬不動」，然而只要抱著這種想法，就會覺得「一百克可以，那一公斤也應該可以」。這樣持續地累積，就會漸漸積少成多。

雖然這不像所謂的「愚公移山」，要將擋路的山用簸箕一點一點地移開。然而即使是相當困難的目標，只要細分化，再大的事也能完成。

合理進行目標管理

著名的經濟學家和管理學者彼得・杜拉克在一九五五年創造了「目標管理」這個名詞。從此以後，這個名詞就成為全商界領袖的辭彙。一九七三年的美國聯邦管理預算局局長波伊・艾許開始把這個觀念引入聯邦政府。在一些大公司裏，尤其是在中下階層，「目標管理」的觀念推展得很慢，因為這個觀念威脅著官僚體系的三個基本支柱：傳統、中央管制和官僚作風。

目標管理，是依特定目標而不是依程序和規定來思考。這個觀念鼓勵思考這樣的問題：「我們究竟要努力做到什麼？」「我們為什麼做這件事？」，以及「有沒有更好的途徑？」而不去問：「這是上面要我們做的嗎？」「這是不是能使我們的部門雇用更多的人、擁有更大的權力？」

制訂特定目標，以及支配時間去做最能達到這些目標的活動，是任何機構求得效率的要訣。勞倫斯・彼得解釋：「在缺乏一項確切的目標之下，管理方面一項典型的反應是增加輸入——雇用更多的人，監督員工更辛苦地工作，提升員工的資格。缺乏目標來確定程序，個人就可能只會增加輸入，忙於做些無用的活動，卻不能做出任何事情來。」

艾希指出：「目標管理不是一大堆報告，不是一連串會議。那是一種新的風格，不是新的程序。這是那些要從投注的時間裏獲得最大效果的人所運用的風格。」

只要你為自己定下辦每一件事情的期限，並且儘量去遵守它，就能大大提升你的效率。只要加上一點點的壓力，大多數的人就會把工作做得更好，而自我定下的期限就可以提供你所需要的壓力，使你繼續將工作完成。只有在你為一項工作定下一個期限之後，你才會有一個真正的行動計畫，否則那只是一個模糊的希望——你想在某一個時間做某件事情而已。

記著這樣的定律：「工作會展延到填滿所有的時間。」由此可知，派給自己或別人的任務，永遠不可以沒有期限。

有時把你的期限宣佈出來也有幫助，別人會因此期盼你在某個時間之前把工作做好，這可以增加工作的動力。

如果工作很複雜，你可以給自己定出幾個一段一段的期限。如此你就可以用穩定的進度來做這件事，而不必在最後時刻拼命地趕工。

尊重你的期限。如果你養成了拖延限期的習慣，期限就會失去功效，不但不能激發你自己，也不足以刺激你的左右的人。

如果你要別人去做一些事情，而他們沒有做好，那你就不要問自己：「今天的人是怎麼一回事？」而要問自己：「我是怎麼一回事？我做了什麼（或沒有做到什麼），使得這些人給我的只是空口白話？」

原因很可能是你過去對他們的訓練使他們這樣做。不論這個人是一名下屬、一位同事、一個朋友，甚至是你的老闆，這個人通常都會問他或她自己，你「忘記」這件工作的可能性有多大——根據過去和你相處的經驗。如果你已經建立了一套追蹤查詢的模式，你交給他們做的工作就一定會得到優先處理的待遇。但如果他們根據過去的經驗，而認定你可能不會去追蹤查詢，你所交代的工作就會落到最後，而且很可能會永遠留在那裏。

為了提醒你自己去追蹤查詢，以及間接地使人相信你是認真的，可以使用一種表格，記下你交代工作的蹤跡和完成期限。每當你參加一項會議就帶著這一張表；這很容易就追查出事項是什麼，以及避免責任屬誰的誤解。

當然，把這種表格貼在公告欄上也很有幫助。在大多數情況之下，別人知道你有這麼一張表，並且知道你會以這張表作為追蹤查詢的根據，就足以推動別人去做你所交代的工作。

依賴記錄而不依賴記憶，可以大大增加你交代的工作按期完成的機會。

不過你要記著，追蹤查詢只是整個過程中的一部分。行為修正專家強調，在訓練過程中最重要的，是當工作做好而不是沒有做的時候，你會有什麼樣的表示。因此，下屬在限期之前把你交代的工作做好的時候，你要提出來，並且感謝他提早完成。行為學家稱這為積極的鼓勵；分析心理學家稱這為撫慰；其他的人稱這為普通的禮貌。不論怎麼說，這種做法能夠發揮奇妙的作用。

一口氣談了這麼多，一分鐘經理透過簡單而明瞭的事實和理論，向史帝芬闡述了一個熟悉而又陌生的領域。

「太棒了！」史帝芬還沉浸在剛才一分鐘經理的精彩的談話中，「真的沒想到其中還有這麼多的學問。」

「呵呵！」一分鐘經理人喝了一口咖啡滋潤了一下喉嚨：「很高興年輕人你能對這個話題感興趣，時間管理還有很多的技巧，我相信你如果用心去學習和領悟，你會發現，生活原來可以這樣。不過，我以為你也沒有必要囫圇吞棗，慢慢地將這些原理真正運用到你的工作和生活中去吧！」

……到了握手告別的時候，史帝芬和一分鐘經理人約定下星期在老地方見面。

告別了一分鐘經理人，史帝芬開始在工作中運用學到的第一個法則。每天，史帝芬都會認真確定自己的工作目標，然後再按照既定目標開始工作，史帝芬發現自己的工作開始有目的了，而不是毫無目標的四處瞎撞。

史帝芬為自己進步而驕傲，也急切地等待和一分鐘經理人的再一次見面……

第三次和一分鐘經理人會面，史帝芬已經顯得輕鬆多了。雖然今天有一個比較大的客戶需要拜訪，但史帝芬還是先赴一分鐘經理人的約會。史帝芬向一分鐘經理人介紹了自己這些日子的感受和進步，並表示了自己的謝意。一分鐘經理對此相當滿意，當然也大為讚賞史帝芬那種果斷而乾脆俐落的性格。在輕鬆的氣氛中，史帝芬也把早上推掉拜訪一個大客戶而赴約的事情，在不經意間說了出來以表示自己的誠意。但是看上去一分鐘經理人並沒有顯露出對史帝芬這種做法的欣賞，相反的，他沈默了一會兒，說道：「年輕人也許我們今天該談談第二個話題了：分清輕重緩急。」史帝芬用一雙不解的眼睛看著一分鐘經理人。

有效的時間管理二：分清輕重緩急

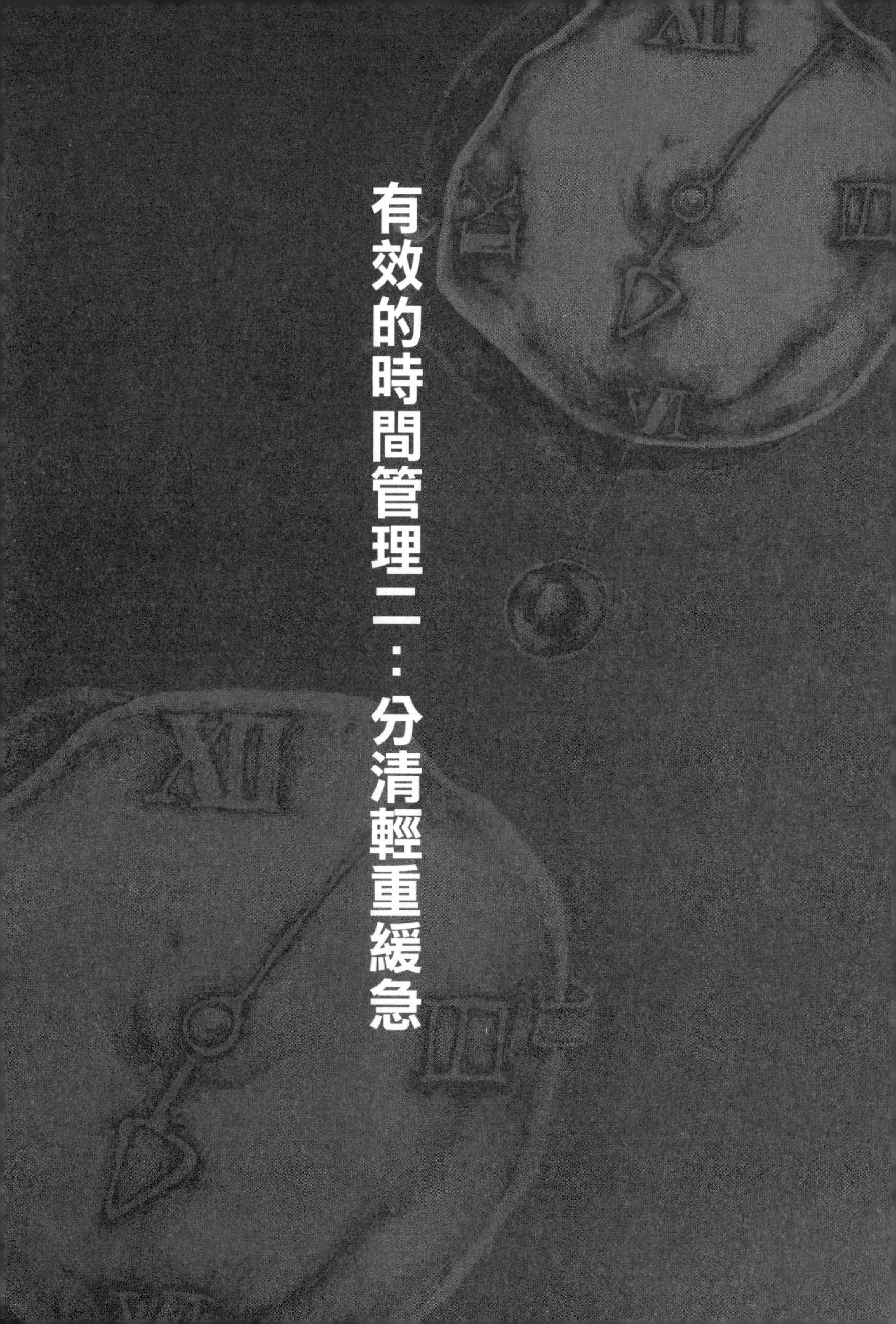

時間運籌的標準

一分鐘經理傑爾先生慢慢地說道：「根據你的人生目標，你就可以把所要做的事情制訂一個順序，有助你實現目標的，你就把它放在前面，依次為之。把所有的事情都排一個順序，並把它記在一張紙上，就成了事情表，養成這樣一個良好習慣，會使你每做一件事，就向你的目標靠近一步。」

眾所皆知，人的時間和精力是有限的，不制訂一個順序表，你會對突然湧來的大量事務手足無措。

工作時，很多人都有過這樣的經驗，一會兒要複印，一會兒要接電話……既無聊又浪費時間。由這個經驗可知，在工作進行時必須解決的事情實在很多。在辦公室裡中，地位高的人，瑣碎的事可以交待屬下去做，而中級幹部可支配的部下就比較少，而一些完全沒有屬下的工作人員，或是自己開店的人，複印等瑣事就必須要自己做。

可是，忙於瑣碎的事往往會影響重要工作的進展。有些人會覺得工作愈忙愈好，但是忙著瑣碎的事和忙著正事，這中間有很大的差別。即使是同樣花時間工作，其一分一秒的價值卻完全不同。

明確行動目標

一天的事情有很多，有些是迫在眉睫的，而有一些是可以暫且緩一緩的，也就是說事有輕重緩急。

有些非生理需要的事情，就難於判斷出哪些重要而哪些不重要了。比如說，A和B同時與你預定在八點鐘約會，約誰合適呢？這時候選擇與誰約會，就要看你的目的究竟是什麼了。你要找女朋友，而A約你正是這個意思，你會毫不猶豫地去與A約會；而你需要升遷，B約你也恰好是這個意思，毫無餘地，你要去會見B。也就是說，要根據自己的某些目標來確定，如果這兩個方面你都沒有興趣，那就只好用拋硬幣來決定了。

有一位公司的經理去拜訪卡耐基先生，看到卡耐基乾淨整潔的辦公桌感到很驚訝，他問卡耐基說：「卡耐基先生，你沒處理的信件放在哪兒呢？」

卡耐基說：「我的信件都處理完了。」

「那你今天沒做的事情又推給誰了呢？」這位經理緊接著問。

「我所有的事情都處理完了。」卡耐基微笑著回答。看到這位公司經理困惑的神態，卡耐基解釋說：「原因很簡單，我知道我所需要處理的事情很多，但我的精力有限，一次只能處理一件事情，於是我就按照所要處理的事情的重要性，列一個順序表，然後就一件一件地處理。結果，就處理好了。」說到這兒，卡耐基雙手一攤，聳了聳肩膀。

「噢，我明白了，謝謝你，卡耐基先生。」

幾周以後，這位公司經理請卡耐基參觀其寬敞的辦公室，對卡耐基說：「卡耐基先生，感謝你教給了我處理事務的方法。過去，在我這寬大的辦公室裏，我要處理的文件、信件等等，都是堆得和小山一樣，一張桌子不夠，就用三張桌子。自從用了你說的方法以後，情況好多了，瞧，再也沒有沒處理完的事情了。」

這位公司經理，就這樣找到了處理的辦法。幾年以後，他成為美國社會成功人士中的佼佼者。我們為了個人事業的發展，也一定要根據事情的輕重緩急，制訂出一個計畫來。我們可以每天早上制訂一個順序表，然後再加上一個進度表，就會更有利於我們向自己的目標前進了。

行動五個層次

我們可以把行動分為五個層次：重要且緊急、重要但不緊急、緊急但不重要、繁忙以及浪費時間。

重要且緊急

這些是必須立刻或在近期內要做好的工作。例如，老闆要你在明天早上十點鐘以前提出一份報告、你的汽車引擎有堵塞的情形、生產前陣痛已經到了每三分鐘痛一次。

現在，除非是這些情況都同時出現（老天，請不要讓這種情形發生吧），否則你就要優先處理它們。因此它們的緊急和重要性，要比其他每一件事都優先。如果拖延是造成緊急的因素，則現在已經不能再拖延了。在這些情形下，時間管理就不會出什麼問題了。

重要但不緊急

對這一類工作的注意，可分辨出一個人辦事有沒有效率。

我們的生活中，大多數所謂重要的事情都不是緊急的，我們可以現在或稍後再做。在很多情形之下似乎可以一直拖延下去；而在太多的情形下，我們確定這樣拖延著。這些都是我們「永遠沒有著手」的事情。

例如，你要參加提升你專業技術的培訓班，你想找出時間先做一番初步資料搜集之後，再向老師提出你的計畫；你一直想寫的兩篇文章；你想開始的節食計畫；三年以來你一直計劃要做的年度健康檢查；你一直打算要建立起來的退休計畫。

這些工作都有一個共同點：儘管它們具有重要性，可以影響到你的健康、財富和家庭的福利，但是你如果不採取初步行動，它們可以無限期地拖延下去。如果這些事情沒有涉及到別人的優先工作，或規定期限而使它們成為「緊急」，你就永遠不會把它們列入你自己優先要辦的工作。

緊急但不重要

這一類是表面上看起來是極需要立刻採取行動的事情，但是如果客觀地來檢視，我們就會把它們列入次優先順序裏面去。

例如，某一個人要求你主持一項籌集資金的活動、發表演講或參加一項會議。你或許會認為每一個都是次優先的事情，但是有一個人站在你面前，等著你回答，你就接受了他的請求，因為你想不出一個婉拒的辦法。然後因為這件事情本身有期限，必須馬上去做，於是第二類的優先事情就只好向後移了。

繁忙

很多工作只有一點價值，既不緊急也不重要，而我們常常在做更重要的事情之前先做它們，因為它們會分你的心——它們提供一種有事做和有成就的感覺，也使我們有藉口把更有益處的第二類工作向後拖延。

如果你發現時間經常被小事情占去了，你就要試一下學會克服拖延。

浪費時間

是不是浪費時間，當然是屬於個人的主觀認定。

有人說美國小說家海明威給「不道德」下的定義是：「事後覺得不好的任何事情。」我不知道他這個定義是不是能夠經得起理論的鑒定，但是我確實認為這個定義可以用在「浪費時間」這四個字上。例如，如果我們看完電視之後覺得很愉快，那麼看電視的時間就用得不錯。但是，如果事後我們覺得用來看電視的時間不如用在修剪草地、打網球，或看一本好書，那麼看電視的時間就可以歸在「浪費」的一類（不過，根據很多商業人士的標準來看，九五%的看電視時間都應該歸入此類，因此，下次在你伸手去打開電視的時候，很值得你細想一下）。

努力節約時間而又做不到的人，常常想把他們的沒有效率怪罪在這一類事情上。不過這不是問題所在，問題是在把太多的時間用在第三和第四類而不是用在第二類事情上。

因此，有必要談談時間管理理論的問題，現在，第四代時間管理理論在前三代時間管理理論的基礎上，兼收並蓄，推陳出新。其中，以原則為準，配合個人對使命的認知，兼顧重要性和急迫性；注重生命因素的均衡發展；始終把個人精力的焦點放在「重要」的事務上。

如何判斷「重要」？重要性與目標息息相關。凡有利於實現目標的事務均屬重要，越有利於實現核心目標就越重要。

最新的時間管理理論，把事情按緊急和重要的不同程度，分為ＡＢＣＤ四類。先做ＡＢ，少做Ｃ，不做Ｄ。方向重於細節，策略勝於技巧。始終抓住「重要」的事，才是最大的時間管理、最好的節約時間方法。ＡＢ類事務多了，ＣＤ類自然就杜絕了，你就會越來越有遠見、有理想、有效率，少有危機。

請在一週內簡要記下您所做的ＡＢＣＤ四類事務：

Ａ：重要又急迫

←

Ｂ：重要而不急迫

←

Ｃ：急迫而不重要

←

Ｄ：既不重要也不急迫

一部完整呈現
「時間管理藝術」的經典之作！

哲人見一位農夫在砍樹，每一斧都只能砍下一小塊樹皮——斧頭太鈍了。

於是哲人問農夫：

「你為什麼不把斧頭磨利了再砍？」

農夫回答說：

「我沒有時間磨斧頭！」

這個寓言能給我們很多啟示呀！

只做最重要的事

確定工作優先次序有兩個途徑：根據緊急性或根據重要性。要把主要精力放在可以獲得最大回報的事情上，而別將時間花費在對成功無益或很少益處的事情上。

生活是複雜的，每個人都有喜怒哀樂，都有親朋好友，都忍受著無窮的瑣事干擾。完全迴避這些是不現實的，但是，對於一個想幹事業的人來說，必須分清事情的主次，哪些是需要做的，哪些是不需要做的，哪些事關照一下就行，哪些事乾脆應該放棄……進而為自己去做最重要的事留下充足的時間和最多的精力。否則你就是一個不能駕馭時間的人，並會因此而使自己的夢想成為泡影。

建議每一位有心人都能制訂一份自己在一段時間裏的詳盡工作計畫，並在每天結束前精確地安排第二天的工作。同時還要制訂一份科學的休息時間表，進而保證自己的一生始終在精力充沛地從事最有意義的工作。

大多數的人是根據緊急性來確定做事的優先次序的，所以他們會花很多時間去救火。如果你是根據緊急性來確定做事的優先次序，可以分為三類：

必須今天做好；

應該在今天做好；

應該在某個時間做好，但是還不急。

假定你準備兩個月內完成一項工作。明顯的，你不會把這件工作列為第一類，因為還有兩個月的期限。你可能會列入第二類，但也可能不會，因為還不太急迫。大多數的人會把它列在第三類，直到期限迫近時，你會發現很難找到專家來幫忙，而不能把這件工作做到你想要的詳盡程度。你在心裏責備自己，並且想下次一定要早點完成。但你還是犯同樣的錯誤，因為到時候你會以同樣的理由，把工作拖延到期限的最後幾天。

一般來說，我們可以根據重要性來確定做事的優先次序，而以緊急性作為次要但也是重要的考慮因素。這需要拿出你的待辦工作表，首先，從「這件工作是不是清楚地有助於達到我一生的目標或短期目標」這個問題，來檢視某一項工作。如果是，就在前面打一個記號，然後按照你要去做的先後次序標上數字，標先後次序的時候要考慮兩個因素：緊急性和時間效益。

時間效益只是一種評估方式，使我們認識到某一件工作雖然沒有另一件工作重要，也沒有緊急性，但是做這件工作獲益很大，所用的時間也不多，則仍然是有很好的理由先辦好它。例如，你一天最重要的工作是擬定一項報告，而需要花大半天的時間。但是你還有一些可以分給別人去做的小事，那麼在你開始草擬你的報告之前，用幾分鐘的時間把這些小事分配下去，被分配到的人就會有更多的時間去做了。這顯然是很有道理的。

「先做重要事情」這項原則也有例外，你會發現不要在一天的開始做最重要的事情，而另分配一段時間，集中精神去做會更好。

在你把標有記號的工作專案編了優先次序之後，也同樣的把比較不重要的事項編上優先次序，然後就努力按照次序去做。你已經有了一個工作計畫了，你一天的「產量」將會比你做完了一件工作之後，再停下來為要做的事定優先次序要多得多。

老式的「效率專家」的時代早已經過去了。今天管理專家從「效力」來入手想，而效力是一個含意更廣、更有用的觀念。

效率所重視的是做一件工作的最好方法。效力則重視時間的最佳利用——這可能包括或不包括做某一件工作。

例如，為了即將召開的一個會議，你有一份必須打電話通知的名單。如果你從效率觀點來看，你就會想什麼時候打電話給他們是最好的時機、是不是要把他們的名字放入自動撥號卡片上以節省時間、這張名單是否是最新的正確資料等等。

但是如果你從效益觀點來看，你就會問自己，打電話給這些人，是不是把時間做最佳的運用，你也許會考慮另一種聯絡方法；你也會考慮把打電話的事派給別人做；或把會議完全取消掉，好把時間用在更有用的地方。

健全的時間管理，應該以效力優先，效率次之的觀念為出發點。

帕列托原則運用的訣竅

帕列托原則是由十九世紀末和二十世紀初義大利經濟學家及社會學家帕列托而來，是說在任何一組東西之中，最重要的通常只占其中的一小部分。這項原則有時候又稱做「重要的少數」、「微不足道的多數」，或八〇／二〇定律。

這個原則的主張是：團體中的重要項目，是由全體中二〇％的比例所構成的。

例如，占所有人口不到二〇％的人，其所犯的罪占所有犯罪案的八〇％以上。占全公司人數不到二〇％的業務員，其營業額為公司營業總額的八〇％以上。

也就是，重要的東西只占了很小部分，它的比例是八〇比二〇，因此，只需集中處理工作中比重較重要的二〇％的那部分，就可以解決全部的八〇％。也可以說，在我們的工作中，沒有必要完成八成，只要將重要的二成做好就可以了。不論是工作或是念書，多少都會受到時間、空間的限制，不可能將應做的事全部完成。因此，若不先從重要的事開始，結果會演變成什麼正事也沒做。打算全部完成的完美主義者，往往到最後什麼也沒做好。

能應用這個帕列托原則者，事情過多的煩惱就會消失。首先，盡可能地早點處理重要的事，不必將所有事情一個個地完全處理。即使剩下的事到後來出了什麼麻煩，也不會是什麼大不了的問題。重要的工作應該先完成，這個法則，不僅適用學生、上班族，對所有的人都有著非常積極的意義。

在我們知道「帕列托原則」之前，就已有和這個原則近似的經驗。例如三〇〇頁的教科書，考題不會是從這中間平均出題，而是從重要的部分出來。以科學方法就能求得八〇比二〇的數字出來，而令人覺得「掌握了正確的工作方法，效率確實大大地提高了」。

我們應經常將這個原則運用在工作上。

假設，一間公司一天有一〇〇個打通的電話，這一〇〇個打通電話，並不是由一〇〇個人平均一個人打一個。以帕列托原則來看，有二成的人不只打一次，而且這二成的人所打的電話占所有電話的八成。因此處理的方法，是針對打電話頻率較高的二成去下工夫，並且最終解決這個問題。

在銷售公司裏，大約二〇%的推銷員帶回來八〇%的新生意。在一個討論會上，二〇%的人通常發表八〇%的談話。在一家公司裏，二〇%的人請假占總請假日數的八〇%。在一間教室裏，二〇%的學生利用了教師八〇%的時間。這項原則可以運用在各種不同的現實管理活動中。

帕列托原則也極有助於應付一長列有待完成的工作。面對著一長列工作，看起來常常是不可能一一完成，我們難免心存畏懼，於是大多數的人在還沒有做之前就感到洩氣，或者先做最容易的，把最困難的留到最後，結果永遠辦不到最難辦的事情。但是如果我們知道只要完成表中二三項工作，就可以獲得最大的好處，那就會對我們大有幫助。因此，列出這二三項工作，各花上一段時間集中精力把它們完成。不要因為沒有把表中所有工作全部完成而感到不舒服。如果你所決定的優先次序是正確的，那麼最大的好處，已經由你所選擇去做的二三項工作中獲得。

因此，當你面臨很多工作，而不知如何著手時，就應該記著帕列托原則。你要問你自己哪些工作是真正重要的，就不會偏離首要工作而去做次要工作。

當一分鐘經理人以一種緩慢而又有力的語氣講完他的觀點時，史帝芬的臉色一點一點地轉紅了。

史帝芬聽得出來，一分鐘經理在以這種方式批評自己早上的做法。但是，史帝芬沒有任何抱怨之情，他知道一分鐘經理這樣做，是為了使自己掌握正確的時間管理觀念，更何況一分鐘經理人以這樣一種方式，實際上將自己引入了一個學會如何更深層考慮問題的層次，自己感激還來不及呢！

史帝芬很爽快地說：「和您剛才的談話讓我很受用，我想您說中了我的弱點，非常感謝您能指正我的錯誤，我想我會在以後的工作中接受您的教誨……」

「嗯」，一分鐘經理微笑了一下，「很不錯，年輕人很難得你有這樣的胸懷和氣度……我相信你……」

兩人越聊越投機，並結為忘年之交。

又到了分別的時候，一分鐘經理向史帝芬發出了邀請：「年輕人，本月二十五日是我的生日，屆時歡迎你光臨。」

……

按照一分鐘經理人的建議，史帝芬開始學會在處理問題的時候分清主次，史帝芬進步很快，逐漸的把自己的工作和生活的關係處理得比較順暢。轉眼到了二十五日，晚上就要參加一分鐘經理的「聚會」了，這使史帝芬感到非常榮幸，他決定抽個時間好好修飾一下。但是臨出門時，史帝芬才發現因為自己的疏忽，這幾天忘了拜訪一個非常重要的客戶，而今天如果再不去做最後的努力，必然給公司帶來較大的損失，這讓史帝芬猶豫了好一會兒。

最終他接受一分鐘經理人上次的建議，決定去拜訪客戶。當史帝芬完成工作後氣喘吁吁、不修邊幅地趕到聚會現場時，引起了大家的注意。史帝芬看得出大家都顯露出一種怪怪的眼神，一分鐘經理人也顯露出了明顯的不快，這使史帝芬心裏很不安，他知道自己應該向一分鐘經理人做出解釋……

聽完史帝芬誠懇的解釋，一分鐘經理人沈默了一會兒，然後他走到餐桌旁拿起兩杯ＸＯ，遞給史帝芬一杯，喝了一口之後，他說道：「我的朋友，也許我應該理解你，但是我想你也應該學習一下制訂計劃，是的，我的朋友，這邊來，我們慢慢聊，我想我們可以先從二・五萬美金的故事開始談起！」

每個人，都需要有自己的目標，有了目標，就會根據自己的目標，把自己一天中要做的事，分出一個等級來，然後才能有條不紊地一件事一件事地去完成。

有效的時間管理三：制訂計劃表

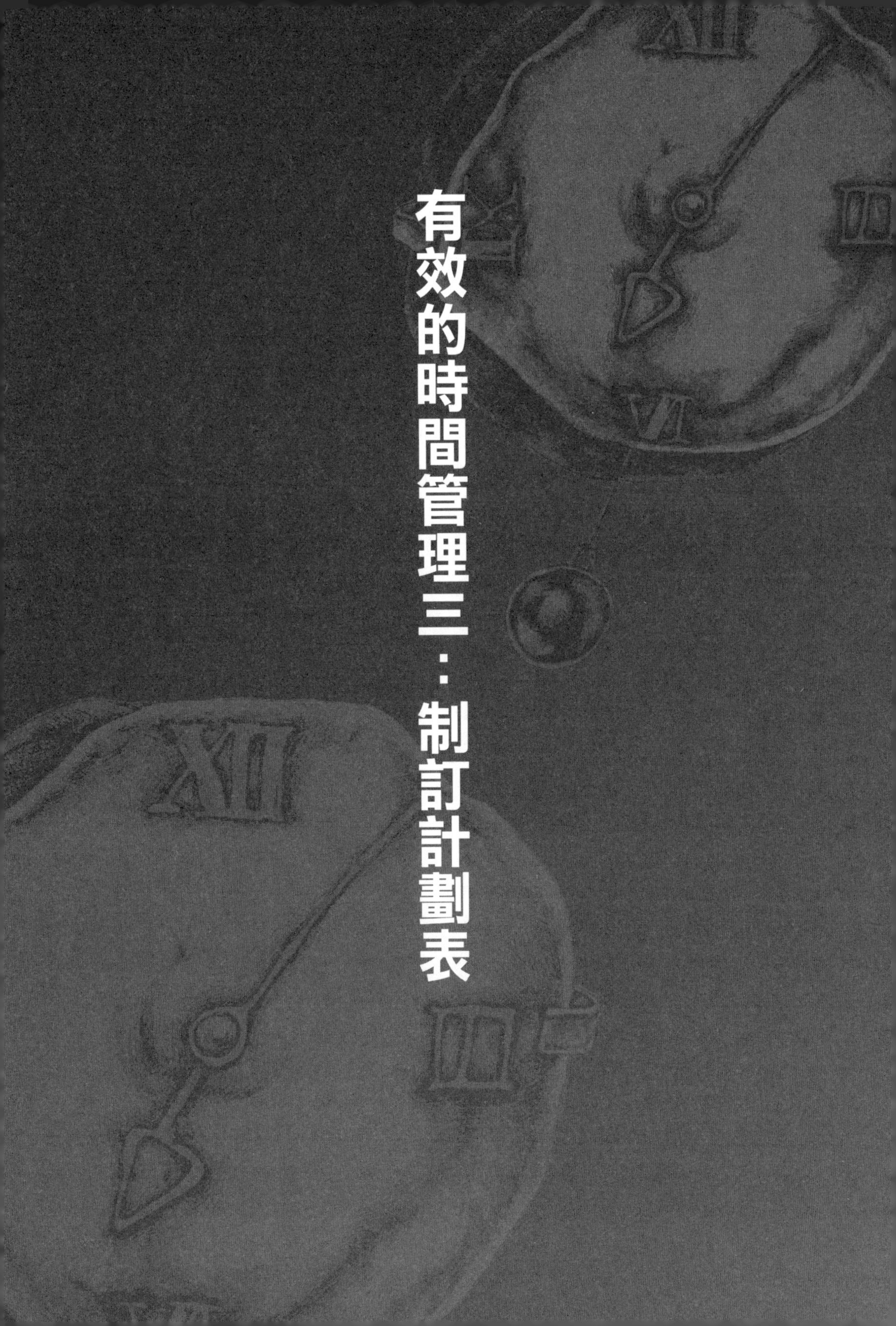

二・五萬美金的故事

「下面是我要講的一個故事，我想你會從這個故事中學到很多有啟發性的東西。」一分鐘經理頗有自信地說。

伯利恆鋼鐵公司總裁查理斯・舒瓦普向效率專家艾維・利請教「如何更好地執行計畫」的方法。

艾維・利聲稱可以在十分鐘內就給舒瓦普一樣東西，這東西能把他公司的業績提高五〇%，然後他遞給舒瓦普一張白紙，說：「請在這張紙上寫出你明天要做的六件最重要的事。」

舒瓦普用了五分鐘寫完。

艾維・利接著說：「現在用數字標明每件事情，對於你和你的公司重要性次序。」

這又花了五分鐘。

艾維・利說：「好了，把這張紙放進口袋，明天早上第一件事是把紙條拿出來，做第一件最重要的事。不要看其他的，只是第一件。著手辦第一件事，直至完成為止。然後用同樣的方法對待第二件、第三件……直到你下班為止。如果只做完第一件事，那不要緊，你總是在做最重要的事情。」

艾維・利最後說：「每一天都要這樣做——您剛才看見了，只用十分鐘時間——你對這種方法的價值深信不疑之後，叫你公司的人也這樣做。這個試驗你愛做多久就做多久，然後給我寄支票來，你認為值多少就給我多少。」

一個月之後，舒瓦普給艾維・利寄去一張二・五萬美元的支票，還有一封信。信上說，那是他一生中最有價值的一課。

五年之後，這個當年不為人知的小鋼鐵廠一躍成為世界上最大的獨立鋼鐵廠。人們普遍認為，艾維・利提出的方法功不可沒。

有效制訂計劃表

既然合理的利用時間可有效地提高人的工作效率，我們就應該在自己的日常生活中，制訂一個可行的，適宜自己的待辦計畫表。

待辦計畫表首先應該簡單明瞭，使你在百忙中隨意瞄幾眼，馬上明白需要做什麼事。在待辦計畫表中，注意以下這些項目應該簡單明瞭：

依賴記憶

在睡覺之前想想第二天的工作是個很好的辦法。在確定所有的工作後，人就可以安穩入睡，不會滿腦子胡思亂想。

利用記憶記住你的工作之後，你的腦子就會想盡一切辦法去解決。有時候當我們的問題存在於腦海中時，睡夢中會突然跳出一個理想的解決辦法，也就是人們所說的日有所思夜有所夢。當我們真正地利用了我們的潛意識來解決問題時，我們就會發現，它的作用是驚人的，不可思議的。

有人曾做過這樣的一個實驗。

在一隻鐵盆中放一隻青蛙，盆子的深度略大於青蛙跳起的高度，這樣青蛙就跑不出來了。然後把青蛙拿出來，給盆子加熱，當溫度相當高時，把青蛙放進去，結果青蛙一下子就跳出來了。如果換一個方式，先把青蛙放入鐵盆再慢慢加熱，青蛙就會被燙死。

這個實驗證明，青蛙在突臨變故時，能調動身體所蘊含的潛能，一下子就從盆中跳出來，脫離危險。

人也一樣，有了計畫，潛意識就要完成它，而記憶會不斷提醒你去完成這件事情。人腦就像一個平行處理器，許多工作在腦中可以同時處理，你一旦記下了一定的事物，人腦就會把它轉移到潛意識中，不知不覺地開拓研究如何解決它的辦法。

適時檢查計畫表

有了計畫表，是否嚴格地執行了，還需要適當地檢查。晚上睡覺前，再翻一翻你前一天的計畫表，看一看你執行的情況和進度，會有助於你下一天工作的安排和完成。

學生都知道，英語中的單字是很難記憶的，那麼，需要記憶的英語單字一共有多少呢？如果你制訂一個計畫表，每天完成十個單字的記憶任務，定時檢查，督促保證完成。那麼一年過去，你就可以掌握三六五〇個單字，兩年之後，你所記的單字已足夠你日常生活中的對話、寫作和運用了。一天記十個單字並不難，難的就在於一絲不苟地堅持下去。因此，光有計劃表是不行的，還需要適時檢查，督促計畫表的按時完成。

限制計畫數目

每個人的精力是有限的，運用有限的精力去做無窮無盡的事，是不可能的，人在超極限勞動的情況下，很容易導致意想不到的損害。因此，限制一天中的計畫數目，進行科學地調整，使人處於一個協調的工作環境之中，既可完成工作任務，又不影響身體的健康。

按小時計酬的人比按月領薪水的人更能感覺到時間的價值。

因此，為了管理時間，你要認為自己是按小時獲酬的人，不論你是不是如此。要找出你每小時究竟可以得到多少酬勞，請把你一年的薪水除以一〇〇〇，再除以二，那差不多就可以計算出來了。

你要為你的一天和一週定出計畫，否則你就只有按照碰巧落在你桌上的東西，去分配你的時間，也就是完全由別人的行動來決定你辦事的優先次序。你將會發現，你犯了只是應付問題，而不是抓住機會的嚴重錯誤。

為你的一天定出一個概略的工作計畫時間表，尤其要特別重視你要完成的二三項主要工作。其中一項應該是使你更接近你一生目標之一的重要工作。在星期四或是星期五，照著這個辦法為下個星期做同樣的計畫。

請記住：

研究證實了一項常識：用更多的時間為一項工作做事前計畫，做這項工作所用的總時間就會減少。不要讓今天繁忙的工作，把你的計畫時間，從你的工作時間表中擠出去。

你應該每天保持兩種工作表——最好在同一張紙上。

在紙的一邊（或在你的記事本上面）列出在某幾個特定時間裏做的事情，如會議和約會。在紙的另一邊列出你「待做」的事項——你把想到要在今天完成的每一件事情儘量地列出來。然後審視一番，排定優先次序的編號。表上最有價值的事項可能是標上一號或二號的事項，因此，你要排出一段特定的時間來辦理這兩件事。計畫在時間允許時，再按優先次序做其他的工作。不要為次要的工作排出特定的時間；你需要保持足夠的彈性處理突來的干擾。否則就會因計畫不能實現而感到洩氣。

「待做事項表」有一項很大的缺點，是我們通常根據事情的緊急性來編定。它包括需要立刻加以注意的事項，其中有些事項重要，有些並不重要。它通常不包括重要卻不緊急的事項，諸如你要完成但沒有人催促你的長遠計畫和重要的事項。

因此，在列出每天「待做事項表」時，你一定要事項花一些時間來審閱你的「目標表」，看看你現在所做的事情，是不是真正可以使你更接近目標。

在一天結束的時候，你很可能沒有做完「待做事項表」上面的事項，但是你不要因此而煩心。如果你已經按照優先次序做了，就已經完成了重要的事情，而這正是時間管理所要求的。

如果你發現你把一項工作，從今天的表上轉列到明天的表上，且不只是一兩次，它可能是次優先事項，但也可能是你在拖延。這時，你就不要再拖延下去，要承認自己是在打馬虎眼，並且想出處理這件事情的辦法。

最好的辦法是在下班前幾分鐘，擬定第二天上午的工作計畫表。這是成功的高級經理人員，做有效的時間管理計畫時最常用的方法。如果推延到第二天上午再列工作計畫表，就容易草率，因為那時已經有工作的壓力，工作表上所列的，常常只會是緊急事務，而不是重要的事項。

對待長期計畫

應該如何處理那些長期性的工作呢？

每週定下固定的若干時間專門處理長期性的工作　剛開始進行不要定下太長的時間，否則容易引起自己的挫折感。譬如每週四進行一個合理的個人投資，積少成多，逐漸有成。

事先找出下次工作時的重點　知道下次工作重點，一直有意識或無意識地想到它，等到下次真正要工作時，一開始即可順水推舟，因此每次工作完成之前應該寫下下次工作的重點。

養成固定的工作習慣　如果事先規定自己每天或每週，必須從事哪些花費時間多的長期性工作，久而久之，一到規定的時候，你會主動地空出時間去做它。

定下中間進度的截止時間　由於長期性工作費時費力，人們容易失去工作的動力，因此設定中間進度的截止時間，是更有力的自我激勵的方式。

偶爾轉變工作的角度　在長期以一個角度去完成工作，個人容易覺得毫無成就感而減低對工作的興致。所以換換角度容易提高對工作的興致。

避免工作陷阱　許多人把長期性工作劃分成小單位後，即埋頭開始幹，而忘了抬頭瞧瞧方向是否正確，以致見樹不見林。所以，隨時要告訴自己的一點是：要確定所做的小事情，對長期工作而言有所裨益。

限制大規模計畫的數目　同時進行數個大規模計畫容易顧此失彼，不僅完成的時間要延長，而且其品質也無法控制得當。所以在選擇工作先後次序時，可以考慮工作的緊急性、成功的可能性、重要性、預期效果所需時間來決定，否則，妄想一箭「數」雕，只能使工作品質每況愈下。

記錄每週工作進度以及所花費的時間　如此，一旦發現工作某些部分不理想，可根據記錄找出原因以改善自己的工作方式。

每一位現代的主管都大歎時間不敷使用，以致無法發揮自己的潛能，如果能依照上述原則建立起自己的時間管理系統，見林又見樹的有效形象便能深植於別人心目中。

如何推進計畫

合理分配你的精力

在研究過你的職責、理想的時間和優先權後，開始決定你將對每一專案花多少注意力。這個計畫要求你先用心做最重要的職責工作。然後，利用剩下的時間去做那些較不重要的事。這樣的計畫能讓你自我控制時間，並幫助你成就更多的事，而不讓你的工作時間被瑣事和毫不相關的客戶所佔據。下面我們來看一下如何寫這樣的計畫。

步驟一：輕鬆地再做一次

調查你所優先選擇的事、潛力和所需的時間。然後，每個月寫下你願意花的時間。這只是近似值而已。

步驟二：立即做調查

確認你對職責分配的時間，等於你每個月應負責的時間。在這方面，你有必要做個調整。依據所需的時間，盡可能地用心，以期在最好的機會和最重要的職責上有所進展。

最好的方式是採取適當的分配。這就像以最經濟的方式開車一樣。到後來，你能省下不少的汽油。而最後，適當地讓你更快地朝目標邁進。你所做的分配越完善，你將越有效率。

步驟三：以後的調整

讓那些比較不重要的事越少越好。由於新方法產生有效的影響，你在每個月裏，將會有更多的時間，而且無需加班。可是，在它們未發生作用前就計算，是不太適宜的。相對地，在你能行使職權時，不妨調整你原先所做的分配。

一股勁地工作

現在，你已擬出應負主要職責的計畫，你可以心無旁騖地採取行動。我們理解心智的持續專注，是提升效率的關鍵。因此，在你覺得最有能力時，該把你大部分的精力，用在主要的職責上。而最有效的方式就是建立時間表。定時、定量地把精力放在這些事情上。

步驟一：不間斷地工作

至少把一個星期後的事，在月曆上做個記號。畫圈號表示你對每項職責的分配。如果你無法一次完成一件職責，那麼你最好毫無間斷地把大部分的工作做好，並把剩下的事集中在一起，直到做完為止。然後再接下去做另一項工作。

比如說，假使你的主要職責包括三個有關顧客的重要計畫，以及每個星期最少花兩個小時讀書和思考。你可以安排一週的時間毫不間斷地完成一項計畫，再做其他的。那麼你便可以在時間表裏加上一些較不要緊的事。

這表上留有給你去處理瑣事和例行公事的時間。更重要的是，要把重要的職責記在表上和你的心裏。表上再也沒有瑣事、干擾和所謂的「急事」，來耗費你太多的精神和能力。

步驟二：不改動原則

這個預定好而不間斷的工作時間，可幫助你在時間截止前把重要事情做好。有了這個方法，你將能維持一個工作流程，並避免草草結束。

可是，你也不一定能得到這些好處，除非你照這方式去做，不管任何干擾、耽擱和反對，都不變更原時間表。

下面這些方法能幫助你完成自己的心願：

除非是記在日曆上的事，否則不做。剛開始，這聽起來有些矛盾，而在你決定做時，常會草草結束。可是，你將會在日曆上記載的事和你實際做的事之間，建立起相關的關係。這是你培養遵守計畫習慣最簡短而不可缺少的步驟。

在你晚上離開辦公室前，做好明天的時間表。如果你想獲得更好的效果，想想你若沒有完成明天的計畫表，那麼今天的事就不算全部做完。制訂嚴格的標準，你將很快就能看到成果：控制自己的時間，壓力減小，做事較順心，而每天做的事也多了。

在你專心於某一特別的計畫時，試著不要為別的事分心。禁止他人打擾，並嚴格限制電話和朋友來訪。如果你真正關心事情的話，別人是會諒解的。可是，假使你常常破例的話，他們也會跟著做的。為了補償你的不便，不妨在某些時間內，讓自己自由些。要是你能在開始頭幾天拒絕別人的干擾，就可以開始享受到你常盼望的自在和有效率。這將提高你的興趣，並幫你發揮更大的意志力去拒絕干擾。

步驟三：評估你的表現

在月底時，自我反省一下：看看自己是否朝目標邁進，看看自己是否用心在做，還是時做時停；拿目前的工作方式去核對你的結果和成就，是否合於要求。

排除干擾

訓練某人有效地為你排除干擾。給他三張有可能打擾你的名單：一種是你不會見的人；一種是在你忙時，不想見的人；一種是你隨時都歡迎的人。單子記的應該包括電話和別人拜訪，要是有所不同的話，不妨做兩種表格。

如果你沒有助理，請買部電話答錄機，這種機器可以傳達兩種或更多的資訊。設計好回答的內容。你將免去在忙碌時還得回話的麻煩，並且也不會得罪人。

要是在你工作時有急事的話，你可考慮裝設第二部電話，並把電話指明是急時使用。如果有人並非有要事而打這個電話給你，對你來說是個損失。可是，在你沒有回答一般電話時，它能留在緊急事故時使用。

你也可以用記筆記的方式減少困擾。比如說，在你從甲事得到靈感時，你可能正在忙著乙事。你用不著放下一個，而去忙另一個工作，你只要簡單但明白地把所想的記下來。然後依照表格，當你做甲事時，你也可以運用自己的靈感。這個方法在你被別人干擾時也很有效。不管你在哪裏或做什麼，在被別人打擾前，不妨花點時間去做記錄吧。一旦干擾過去時，你可以很快地繼續你未完成的工作。

留個時間空檔去應付客人或其他職責的構想，可以採用另一種方式去做。這構想就是要你在空檔時去做瑣事，即使是五或十分鐘也好。

秘訣就是把那些盤據在你空間和時間中的瑣事，依其相似或相關性質組合在一起。比如說，你用不著一次簽三張支票，一個星期簽十次。你可以一次就簽好這些支票。

假如短時間的工作、瑣事或職責基本上有以下的特徵時，你可以把它們放在一起。它們需要：

相同的心理過程、判斷或能力。

相同的儀器、場所或設備。

相同的動作、例行公事或程序。

相同的參考資料、方式、資訊或接觸。

如果你全力按照這個妙方去做的話，你會更有效率而成就也更多。因此不妨找個你覺得可以從頭到尾處理例行公事的人，替你處理例行公事。比如說，一個律師的助理可以幫助律師準備合約書、做研究、理事和登記檔案，並做聯絡和文書工作。而一個半職業性的助理，可以幫助一個合格的會計師做文書工作，寫工作報告單和處理其他例行公事。然後，你將可以自由地做你所擅長的事。而你可以完成比你預想更多的事；假如你為其他瑣事分心的話，結果也就相反。

緊密地注意你的進展

你越密切地注意自己的進展，你的進展也就越大。就像一個節儉的人要比揮霍成性的人更能省錢一樣，而不是人們所說的「心急水不沸」的情形。一個密切注意自己做事的人，要比一個從不注意的人，成就更大。

要把這個方法付諸行動，不妨對自己的努力做個記錄。把你所做的事情詳細記下來，依其性質分類，分配注意力。試著去把花的精力和所得做一比較。每天及每週的工作、活動和瑣事都這麼做，設計方法和技巧，讓這監督的程度更簡單、方便些。未來三個月內，仍繼續注意你的努力和成果，並看看所發生的改變。

時間表對這些作為說明當然有用。可是，不管你用不用時間表，你可以或應該常常想想你花的心血和成果。

比如說，每當你初步決定做時，要這麼問自己：「我所忙的目標有沒有價值？我是不是有更具價值的目標呢？」當心裏有困擾時，你可以常常這麼問自己。而你該用一種以目標和職責的整體感想，去回答這些問題。這也就是它是那麼重要的原因。

如果你花時間去把對現在或過去表現的滿意感，記在心頭的話，你將很快地就注意到改變。這是很自然的。你將開始有心去放棄較不重要的計畫。你將發展出第六感，讓你感覺出目前最重要的工作。靠著你的價值觀，你將改變原有的方式而形成另一新方式，工作更有效率，並且成就更多。

許多專業人員重複地做許多工作，卻獲得相當少或根本沒有進展。比如說，你初次和一位客戶見面，可能是想要獲得一些訊息和建立關係。假如你開始使一張標準化的「初次見面單」去整理你的問題、評論和敘述，你可能得到的更多。

此外，你還可以運用「工具化」的構想去做較不重要的事。比如說，像對客戶、政府機構、你自己的筆記和客戶檔案等。你可以創造標準化的訊息以包括大部分的例行聯絡網、筆記和檔案。即使你有這些文字資料，你再也不用寫了。

假如你用心注意的話，你大可以在活動中找出標準化的其他用處。

運用直線的時間預定方式

直線的時間預定方式，讓你一次處理一個問題、個案或客戶。只要選出你最重要的事，並盡量不跟其他事攪在一起。可能的話，繼續這麼做下去。

很顯然地，你很少在動手做一個計畫並把它完成後，才進行另一個計畫。

為了要保持成果，你得同時去做很多計畫：有些剛開始、有些做了一半，而有些快完成了。所以，你得在每週和每月的時間表上分配時間，以便能夠巧妙地處理許多可以同時進行的計劃。

可是，在每日時間表裏，這種分配時間的方法會讓你陷於苦惱，使你無心長時間地專注於發展，並減低興趣，甚至疲憊不堪。而每日直線時間計畫法，能讓你得到每件事完成後的滿足感，並使你熟悉每個個案，進而能用心思考、計畫和做事。

擬出時間表，會幫助你養成安排直線時間的習慣。可是，一旦你手頭有個案時，你便更好地運用。很快地，你會培養出更用心的能力，而這將使你有活力去做任何計畫。

及早消除你的損失

這方法在很多場合相當有用，尤其是在你初次想改善成果或獲得更多成就時。這方法只是要你按照時間表做事，即使你得在上頭減去一些事和稍有耽擱。

比如說，假設你今天打算做三件重要的計畫，然後在吃午餐後，再過目明天早上會議所要的一些重要資料。在完成第一個計畫後，你看看鐘，正好是十一點。你不可能繼續做第二和第三個計畫，可是你也許會選擇去減少你的損失。這樣的話，你只需要略過你打算在今天做的計畫。而你略過的事，可以晚一點或明天當你有空時再做。

雖然，這方式不能幫你處理更多的事，但是它能讓你跟得上計畫表。雖然，你在每天或每週的開始落後，你所預定的整體活動卻不會有所影響。因為你躍進的幅度可以補償你所落後的，所以，只有一兩件事受到影響而已。

想像完成計畫的喜悅

在日常我們可以試著想：問題解決了有多高興，然後入睡。若第二天答案沒有出現，別灰心！總得多試幾次，你才能支配自己的潛意識。或許你的思考模式有瑕疵，隔天再輸入一次，直到找出答案為止。但要如何重新輸入呢？再次研究這個問題，重新思考，回顧所有的假設、已做的決定和資料。對問題描述得更清楚，然後花幾個鐘頭假想，如果答案出來了，該是多麼美妙啊！

若過了一個星期還沒有答案，不如這樣做：到安靜的角落裏坐一會兒，告訴自己再過不久就會解決了。而且你能安心等待。不管怎樣，只要你遇到憂慮的問題，就如法炮製。但第二次的定義、分析、解釋絕對不要和前一次相同，這點相當重要。每次寫都具體而不相同，幫助你掃去潛意識的障礙。即或你真的無法加入新的觀念，也不要憂慮。

告訴自己「我一定得找出答案，我知道我能找到。」然後放鬆自己，不再想它。過了一個星期或更久一點，你就有答案啦！也許是當你睡醒時、吃飯的當下、開車的途中，或等電梯的片刻，它會突然閃現。越是重要問題，出自潛意識的答案往往越正確、越卓越。它是你心血的結晶。它出自何處，無跡可尋；也許它會指出新的方向，使你所付出的精力和勇氣得到豐碩的回報。

一旦體驗這種苦盡甘來的喜悅，你會用這種新的能力去征服更大的困難。當然，它需要投注更多努力、精力、時間、耐心和自信才成。然而知道如何運用潛意識，是件多麼令人興奮而又令人信心十足的一件事！

講到最後，一分鐘經理人顯露出了一種明顯的激動，顯然他自己也被自己精彩的談話所打動了……

史帝芬也為一分鐘經理人時間管理的深邃思想所深深震撼，確實這些是自己以前從沒認真考慮過的東西，時間在以前的自己看來，每一天總是不缺的，雖然這段時間以來感覺到，自己肯定在哪一方面出了問題。現在，在一分鐘經理人的幫助下開始意識到了，是自己在時間管理上犯了錯誤，但是自己卻真的沒有想到，時間管理還有這麼多的學問和技巧，沒有想到時間一旦實行有效管理，將會對自己的工作和生活產生如此大的效應，此刻的他是心悅誠服的。

「年輕人，一定要有緊迫感。」一分鐘經理人沈默了一下，又喝了一小口XO，「要對時間管理重視起來，這樣你才能在較短的時間內，理順工作和生活的關係，快速成長起來。」

「快速成長起來，」一分鐘經理人的話又一次使史帝芬產生了一種震憾，他不禁用一種疑惑和期盼的神情看著一分鐘經理人，「當然這是不夠的，有效的時間管理者還必須時刻提醒自己『立即行動』。」一分鐘經理又補充說道。

有效的時間管理四：立即行動

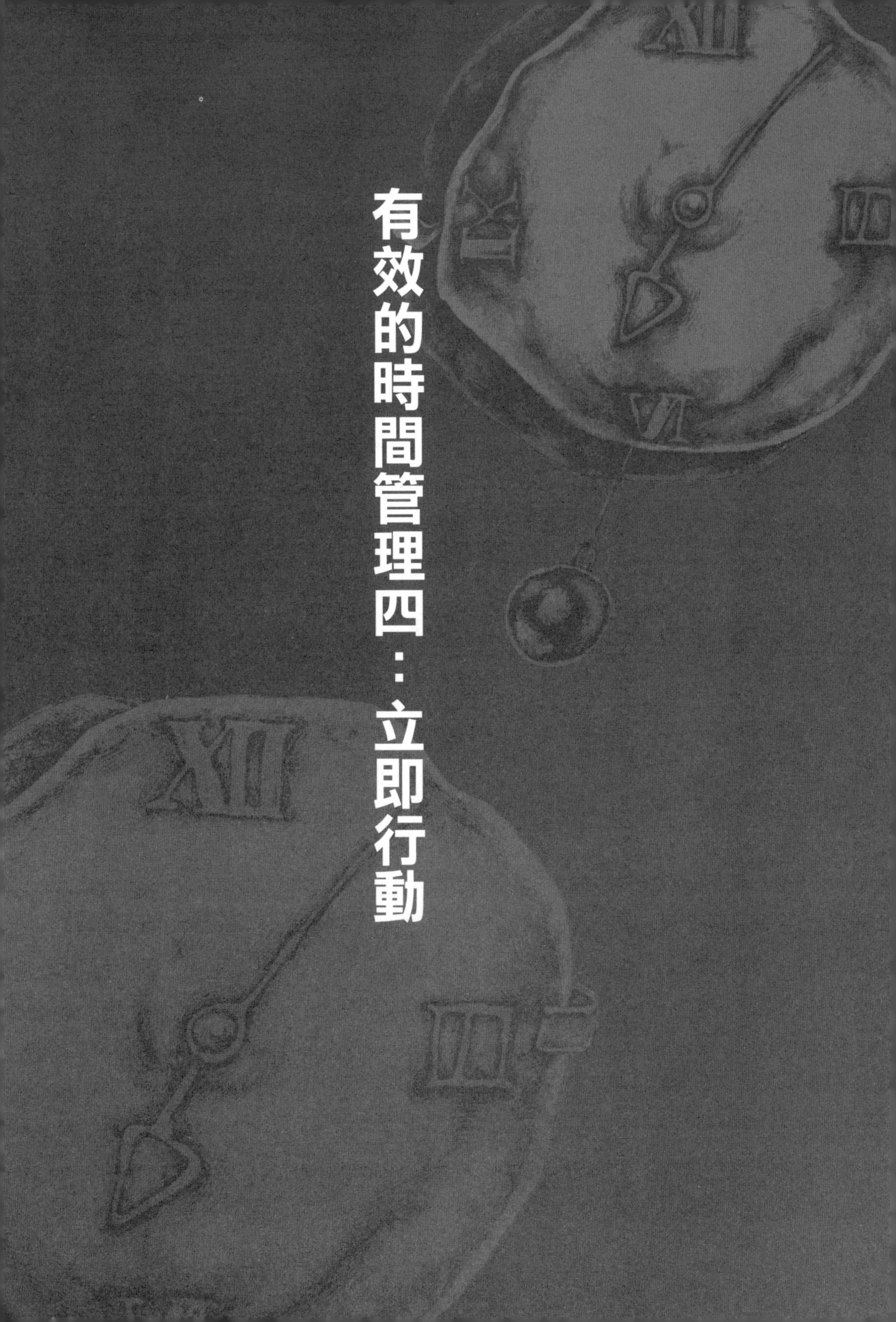

不如立即開始行動

「年輕人，我不知道你是否記得，西班牙作家賽凡提斯形容說『時間像奔騰澎湃的急湍』，確實如此啊！」一分鐘經理又一次感慨萬千地說：「才說是『現在』，已經成了『過去』；才說是『今天』，一晃就成了『昨天』。因此，把握住今天，就要抓緊現在。要做就做，與其說明年喝酒，不如立刻喝水。」

時間包括三個部分，「過去」是已經逝去的時間；「未來」是尚未到來的時間；「現在」是現實的時間，存在的時間。應該說，「現在」這個部分的時間最寶貴、最重要。因為「無限的『過去』都以『現在』為歸宿，無限的『未來』都以『現在』為淵源」。

「過去」是「現在」發展的基礎，「現在」又是向「未來」發展的起點，把握不住「現在」，「未來」就無從談起。誰放棄了「現在」，便為葬送「未來」開了先例。「現在」的重要性還在於因為它最容易喪失，所以它最可貴。

抓「現在」，就要有緊迫感。抓「現在」，必須立足於抓分秒。對於時間，人們只能從「現在」中去掌握它。現實的一分鐘，是比想像中的十年更長的一段時間，古今中外一切事業上有成就的人，都是積秒建功、積秒創業的人。

「冰塊放在電冰箱裏就不會化掉，而一個人的時間這塊『冰』，卻是任何電冰箱也無法阻止它融化。它不停地在融化越化越少了。一切願意使自己的生命有更大的價值的人，千萬要抓住「現在」，使自己生命中的一分一秒轉化為「凝固了的時間」！

只要你開始逐步進行，你就會發現，其實完成工作並不是十分困難的。你還會發現，逐步完成工作會帶給你諸多好處，如晉升、加薪和其他各種良機。

另外，及早動手，你就會有更多的時間去處理意料不到的事情，獲得更多的資料，或做其他更需要你去做的工作。

林肯曾說：「我越努力工作，就越發幸運。」他發現每天完成一定的工作，使他最終受益匪淺。

要做就做到最好

凡事拖不得，而戒「拖」的妙方就是學會，如何和正在想溜走的「現在」打交道。在每個人的生命的長河裏，都泛著分分秒秒光陰的波浪，它們稍縱即逝，卻又「法力無邊」，能把你推向成功的彼岸，也會引你觸礁覆沒在險灘。時間中惟有「現在」最寶貴，抓住了「現在」，亦即抓住了時間，成功就會向你招手。而「拖」卻是影響你抓住「現在」的最大障礙，就像你成功航線上的礁石。有的人經常為一種不可名狀的期待所困擾，總覺得來日方長，「現在」無足輕重，只有「未來」才會有無限風光。對於這種「現在」只是「賒帳」，「未來」決定一切的觀念。我們應當堅決予以杜絕，記住人生苦短，真正做起事情來，時間永遠顯得那麼少。

所以，我們不但要研究如何合理安排時間，提高時間效能，還要研究怎樣才能不浪費時間，這才是研究時間管理的目的。

工作，都是十分艱苦的勞動，需要的是勤奮，懶惰的人將一事無成。須知知識財富有個特性，不經過自己艱苦的思維活動，就不能成為自己的東西。

中國古時候有一個懶文人，怕讀書費腦筋，就把書燒成灰，包在餃子裏吃下肚去，以為這樣就是讀書的最好方法。到應考時，他預先請人把試卷寫好，如法炮製，吃進肚裏。你想，他即使燒掉國家圖書館的書，都吃到肚子裏，又有什麼用呢？

如果你要想成功，就一定要戒懶，否則，多麼好的設想、計畫，就宛如細小的泉水滾落積水深潭一樣，難得再奔躍向前。那麼，所謂成功、攀高峰也只能是一句空話。

要一〇〇％認真的工作，第一次沒做好，同時也就浪費了沒做好事情的時間。

上班時浪費時間最多的，是時斷時續的工作方式。不只是停頓下來本身費時，而且重新工作時，還需要時間調整情緒、思路和狀態，才能在停頓的地方接下去做，而有頭無尾，更是明顯的浪費。

重視今日

樹立「今天」的觀念
每個人都要樹立「今天」的觀念。
就在今天，我要開始做這件事！
就在今天，我要完成這件事！
就在今天，我要克服掉自己的某個缺點！
就在今天，我要讓自己的身心健康！
就在今天，我要讓人喜歡！
就在今天，我要給別人帶來幸福！
就在今天，我要成功！
就在今天，我要活得很精彩！
我只有今天！

如果每個人都能抓住今天，那他一定能抓住成功。

如果說，漫長的人生就是金鏈，它以分、秒、日、月、年環環相聯，那麼愛惜了分分秒秒，就是珍惜了人生。凡是在事業上有作為的人，無一不是珍惜時間的人。

有人問愛迪生，是否同意「為科學休假十年」。他回答說：「科學是永無一日休息的，在已過的億萬多年間，它於每分鐘都工作，並且還要如此繼續工作下去。」如果說商人在金錢上計較一分一厘的個人得失，那麼治學者則是在時間上計較一分一秒的事業得失。古今中外不少有成就的科學家，愛惜時間真是到了「發瘋」的程度。無論發生了什麼事，也不能使他們閒過一日。

愛迪生在一八七一年耶誕節結婚那天，剛結束結婚典禮，他突然想出了個解決當時還沒試驗成功的自動發電機問題癥結的點子，便悄聲對新娘瑪麗說：「親愛的，我有點要緊的事到工廠裏去一趟，待會兒準時回來陪你吃飯。」新娘一聽，心裏不太樂意，一看他那緊張樣兒，只得無可奈何地點了點頭。他這一去，到晚上也不見人影。直到半夜時分，有人去找，見工廠裏點著燈，隱隱約約有人影晃動，進去一看，看見愛迪生在那兒聚精會神地做實驗，不禁脫口喊出來：「啊呀！你這位新郎倌，原來躲在這兒，害得我們找得好苦啊！」愛迪生大夢初醒，忙問：「什麼時候了？」「都到十二點啦！」愛迪生大吃一驚，咚咚咚往樓下奔去，一路跑，一路說：「糟糕！糟糕！我還答應陪瑪麗吃晚飯哩！」對於不讓一日閒過的愛迪生來說，結婚這一天也不肯放過。愛迪生活了八十五歲，僅在美國國家專利局登記過的就有一三二八項科學發明，平均每十五天就有一項發明。

「無窮歲月增中減」，過去一天，剩下的日子就少一天；長大一歲，壽命就縮短一年。但是，有的人不是不叫一日閒過，而是日日閒過，認為今天過去還有明天，明天、明天沒有完。他們到頭來，只能像「明天老人」那樣對鏡自歎：「鏡裏但見鬢如銀，虛度閒擲七十春，只因常立明天志，一生事業付兒孫。」

「不叫一日閒過」，對於年輕一代人來說，尤為重要。我們不能一味地歎歲月之虛擲，感年華之流逝，讓寶貴的時間，在躑躅中白白地流過。人生易老，時不我待。必須抓緊每一天，才能使生命之光閃耀異彩，才能在白髮蒼蒼的時候，理直氣壯地回答：我沒有虛度年華。

不進則退的時間觀念

工作不日進則日退。有人藐視一天的價值，以為不足道，認為糊里糊塗地過一天也無所謂。孰不知，沒有一天，哪來一生。工作如逆水行舟，不進則退。

把數學上的「正」與「負」，運用在自我檢測上，可以檢查出自己是否做到日有所學，日有所進。吉米特洛夫講過：「青年時誰在睡下時，不想想一天中學會了什麼東西，他就沒前進。雖然日常工作很多，你們必須好好組織自己的工作，要找出時間來考慮一下一天中做了些什麼：是正號還是負號？假如是正號——很好，假如是負號，那就要採取措施。」我們不妨把在一天中，工作有成績看做「正」，沒有成績看做「負」，在每天睡下時，像吉米特洛夫講的那樣，一想一問，那會大有好處。人們往往在捫心自問中，看到了自己的進步，發現了自己的不足。是「正」號的話，更上一層樓；是「負」號的話，奮起直追。這一問，可以問出雄心，問出進步，使自己在學習上，只有日進，不會日退。正所謂：「一日工作是一日功，一日不工作十日空。」

認真完成每天的任務

我們工作，不僅要有長期計畫，而且要有短的安排，這個安排，就是工作定額。工作定額是工作計畫的具體步驟。假若沒有定額，工作的鬆鬆垮垮，造成時間上的極大浪費，到頭來，工作「計畫」變成了「空話」。有了工作定額，就可以統籌安排，形成制度，培養良好的工作習慣，逐步完成工作計畫。

定額，一經制度化，就要立即付諸實踐。就不能學學停停，一定要自覺培養每天完成工作定額的習慣。每天完成工作定額的習慣，要靠高度的學習自覺性，和堅韌的毅力來完成。

「明天」，是勤勞的最危險的敵人。任何時候都不要把今天該做的事擱置到明天。而且應當養成習慣，把明天的一部分工作放在今天做完。這將是一種美好的內在動力，它對整個明天都有啟示作用。

「這就是全部了，年輕人，」一分鐘經理人激動地說：「當然，我相信如果你能夠在今後的工作和生活中充分利用、發揮和尊重這些時間管理的基本法則，你會成功的！」

史帝芬為一分鐘經理人的激情所激動了：「我真的不知道該如何感激您，在您過生日這一天，我沒有給您帶來什麼豐厚的禮物，但是您卻給予我生平最無價、最寶貴的禮物——夠我一生受用的一堂課……」

「嗯，年輕人，不要這麼說，你是我的忘年之交的朋友，從你身上我感覺到了一種朝氣，不要感激我，你要感激你自己的真誠、熱情、好學和上進。」

「永遠不要害怕和放棄，」一分鐘經理人真誠地說：「我所教給你的，只是我的經驗，但那是永遠不夠的，你應當學會自己去不斷地總結——發現和修正——再總結。這樣，你才能不斷地進步……」

在輕鬆和優雅的環境中，史帝芬和一分鐘經理人繼續著他們愉快的話題……

聚會結束後，帶著感激之情，史帝芬告別了一分鐘經理。

自從那次聚會之後，史帝芬感覺自己渾身充滿了一股勇士的力量，他開始改變自己，徹底地改變自己，他不斷地學習和探索著各種時間管理的方法，並且將它們積極地運用到自己的工作和生活當中去。他發現原來工作是這樣的輕鬆和愉快，這種發現使他無論何時，身上總保持著一種嚴謹而輕鬆的精神。這種改變使他自己感到非常滿意，自然也希望把自己的想法，與當初幫助自己的一分鐘經理暢談和分享。

現在史帝芬有足夠的業餘時間可以放鬆一下。於是在一個星期六的早上他決定在「星巴克」請一分鐘經理人喝杯咖啡，一分鐘經理很愉快地接受了邀請。

在咖啡廳高雅的音樂聲中，一分鐘經理人用一種慈祥的眼光，看著眼前這位輕鬆自如，渾身上下透露著瀟灑氣質的史帝芬，確實很難將他與幾個月前的史帝芬相提並論。「這就是學會時間管理的魔力呀！」一分鐘經理人心裏感歎道。

「年輕人這段時間你有什麼新的發現和收穫嗎？」一分鐘經理人問道。

「嗯，非常多。」史帝芬很高興地回答，他很願意把自己的想法與一分鐘經理分享：「也許我該和您談談我的看法，我覺得最大的感受就是應當重視把握工作、生活的條理性與節奏。」「嗯，我很願意聽，請講吧！」

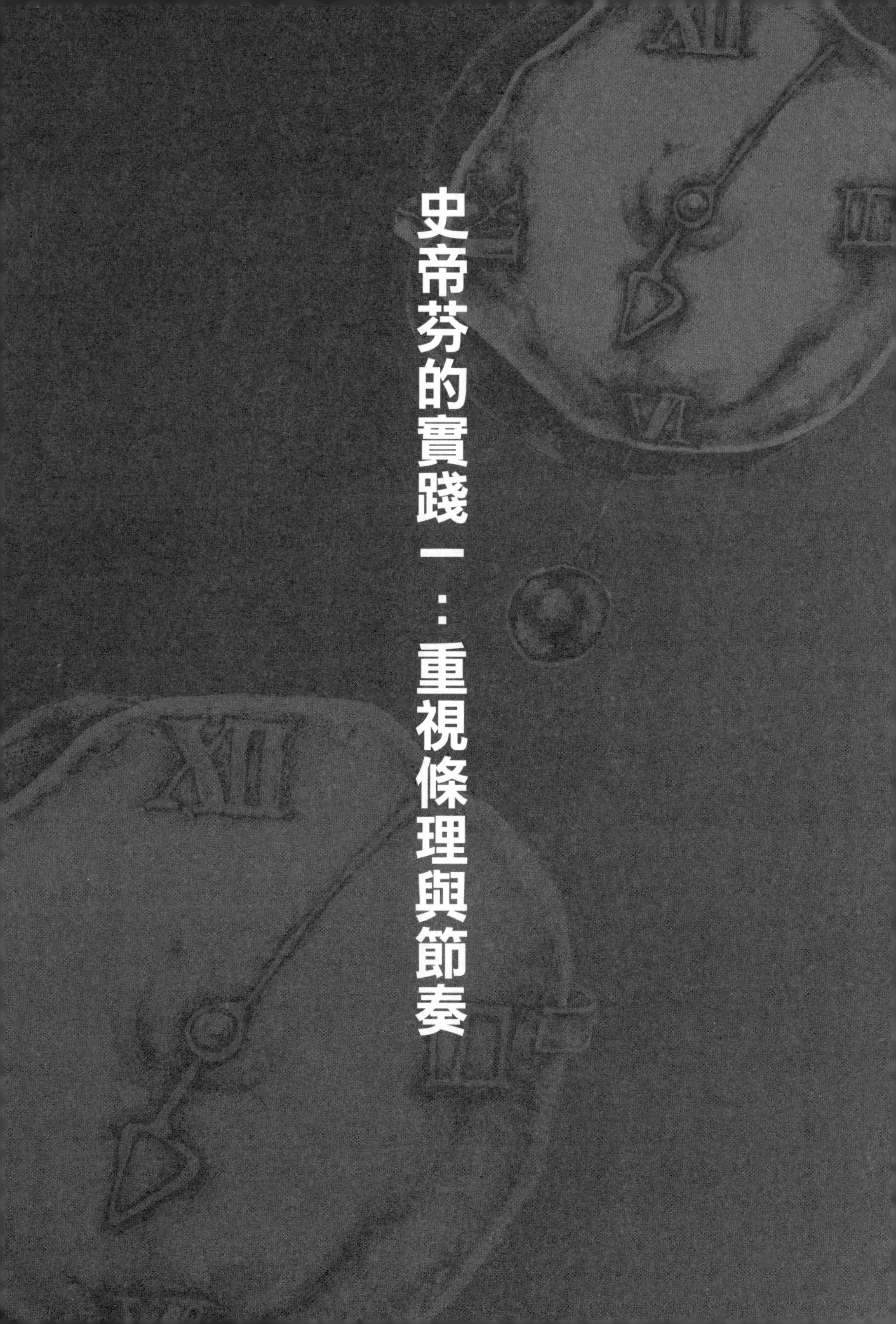

史帝芬的實踐一：重視條理與節奏

注意生活節奏

史帝芬很自豪地說：「經過這一段時間的努力，我發現『克服做事緩慢的習慣，調整自己的步伐和行動。養成快速的節奏，不僅提高效率，節約時間，給人以良好的作風印象，而且也是健康的表現』。」

生活好比一部交響樂曲，有快慢、強弱、張弛等交替出現的旋律。它在一定程度上反應了人們的生活方式和精神面貌。有的人無論做什麼，都是手腳俐落，效率極高；有的人則慢慢吞吞、磨磨蹭蹭，效率很差。

猶如音樂中的節拍，前者一個八分音符唱半拍，後者一個四分音符唱一拍。前者比後者快一倍。由此推而廣之，人們如果能把起床穿衣、洗臉漱口、吃飯走路等全部生活節奏都由原來的「四分音符」變為「八分音符」，那麼，人們要多做多少工作呢！

現在世界正進入資訊時代。資訊，離開了「快」，其價值就打折扣了，甚至等於零。市場上，一個資訊獲得的遲早，可能使一些企業財運亨通或倒閉破產。科學技術上一個新發現或發明公佈的先後，可能影響到首創權，或者專利的歸屬。

快節奏工作的第一法則是具備工作的動力。懂得如何去激發它、如何去節儉地集中地使用它固然重要，但首先必須具備它。

控制時間過剩

英國社會學家巴金生在《巴金生定律》一書中指出，如果高級科技人員時間過剩，就會使他們產生不信任感，以致去開拓那些有害的產品消耗時間來愚弄自己，或者成為一個做什麼都慢慢吞吞的慢性子。

但時間過剩並不可怕，它的產生是正常的，因為任何人對於時間的需求絕不可能是始終如一的。關鍵在於控制時間過剩，並及時地使它向有利方面轉化。

養成習慣，始終不要懈怠

一個偉大的哲學家說過：「習慣真是一種頑強而巨大的力量，它可以主宰人生。」人的心理規律是這樣的，在新的條件反射形成的暫時神經聯繫「定型」之前，總是不穩定的；而舊的條件反射形成的神經聯繫「定型」在徹底瓦解之前，又總具有某種回歸的本能。正如魯姆士所說：「每一回破例，就像你辛辛苦苦繞起來的一團線掉下地一樣，一回滑手所放鬆的線，比你許多回才能繞上去的還要多。」所以快節奏習慣在形成之前，不能有絲毫懈怠。

常敲警鐘，推動工作

一些時間研究專家，指導人們常做這樣的假設：如果我現在知道六個月後我會突然失去學習和工作的能力，在這之前我該以怎樣的速度工作；每天的生活都當做自己第二天就要死亡那樣安排。

著名女學者海倫・凱勒，自幼因猩紅熱瞎了眼睛和聾了耳朵，她在一篇《假如給我三天光明》的文章中，向認為來日方長，不珍惜今天的光陰，而飽食終日、無所事事的庸碌之輩敲響警鐘。

作者機智地設問：「假如你只有三天的光明，你將如何使用你的眼睛？」用這樣的問題啟發人們去思考，呼喚人們快節奏地工作，把活著的每天都看作是生命的最後一天，以便充分地顯示生命的價值。

形成自己的工作規律

人，有百靈鳥型和夜貓子型，傑森說他大概是屬於夜貓子型吧！以前，他也是白天型的人，即使在準備考大學的那段日子，也很少熬夜，而且最少要睡八小時，早上很早就起床。而現在，工作使得他變成了一隻「夜貓子」。

傑森變成「夜貓子」最大的理由是為了錯開上下班高峰，將時間做最有效的利用。他覺得每天搭電車去律師事務所的路上，什麼事都沒法做，實在很可惜。假定一個人每週上班五天，每天往返需要二小時，一年就要有四〇〇小時以上時間耗費在路途上，這四〇〇小時，用來念書或做事，會得到相當的效果。

另一個理由是和律師工作有關。公司一類的法人機構和律師會談可以在白天進行，但在公司上班的人卻不可以，總覺得會引起公司同事側目。在公司，「今天要去看醫生，請准許早退」比較說得出口，而「要去和律師會面，請准許早退」就說不出口。另外，去見律師的事一般人是不想讓別人知道的。所以傑森若是聽到顧客說：「六點多再來可以嗎？」他一定會說：

「好的。」

律師經常必須準備各種檔案，撰寫大量的文字材料。律師要為委託人保守秘密，所以工作必須在事務所內做。可是，事務所內整天都有很多惱人的電話打進來，只有在晚上電話較少，因此他就漸漸地變成了「夜貓子」了。

白天型或是夜貓子型都視個人的情況而定。不考慮個別的條件，是無法斷定白天型好或是夜貓子型好的。要緊的是「在最適合自己的時間裏處理好事」，才會提高效率。

掌握自己最有效率的時間

一般人的腦力巔峰是在上午九點至下午五點，所以最重要的工作應該配合這個時間來做。然而，並不是每個人都適合這個時間。有的人腦力巔峰是在中午十二點到下午六點，也有下午六點到凌晨二點的。

事實上，人在一天之中，頭腦最靈活的時間，因人而異。要緊的是自己要找出自己的巔峰在哪裏，低潮在哪裏，並且好好運用它。

在低潮時，可以做些簡單的事，接接不重要的電話，或是看看報紙；在巔峰時間，就應該去做最重要的事，同時，巔峰時間必須不受到別人打擾。每個人都有這種經驗，早上剛醒時，頭腦還不很清醒，但過了十分鐘或是幾小時，頭腦就清楚了。頭腦尚未清醒的時間就應該拿來洗洗臉，看看報紙，等待頭腦清楚的巔峰時間的到來。

生活步調一混亂，腦筋就會變得不靈活

經常有人說，有重要考試的當天，想早起，只要前一天早上早起就可以了。因為前一天早起，晚上一定會早睡考試當天就不會睡過頭了。但是，我不太贊成這種方法。

這是因為生活步調會受影響。當然，還要看是什麼樣的考試，若是重要的考試，最好避免用這種方法。雖然這種方法可以早起，但是打亂了生活的步調，恐怕腦筋無法十分靈活。遇到這種情形，應該從考試那天的前一週起，慢慢地改變生活的步調，每天早上提早一點起床，才不會因為生活步調急劇變化，而造成腦筋的不靈活。

在物理學中，有一個「慣性定律」：一切物體在沒有受到外力作用的時候，總保持靜止狀態或均速直線運動狀態。

工作或念書的步調，和直線運動相似。下決心每天早上早點起床念一小時書，這個決心在培養成習慣的過程中，多少會伴隨著痛苦。但是，若持續一段日子，每天早上念一小時書會變得理所當然，也不會再覺得痛苦了。

這中間最難的是從靜止到運動的剎那，因為此時要有相當大的精神毅力。但是只要付出努力，終究是會看到成果的。可是，若中途洩氣的話，那麼一切都將前功盡棄。中途的努力是必須堅持的。就像飛機一旦離開陸地，到了一萬公尺的高空，它不再需要大量起飛時必須的能源也可以持續飛行。

但是，上了軌道之後，若說「今天情況特殊」而亂了習慣的話，馬上就會完蛋。因為，墜落中的飛機要再次上軌道，必須要有高超的技術和堅強的意志，也就是要有極大的毅力。

緊張感有助於集中精神

一個人的精神能否集中，除了他本人的能力之外，常常也會受到工作的內容以及工作環境的左右。

但可以肯定的是，誰也無法長時間保持精神的集中。不論是工作或娛樂，一個人能夠集中精神做事的時間絕對是有限的。

如果能瞭解自己集中精神做事的最高時限，是有助於工作效率的提升。因為清楚自己的最高時限，就不會無意義地把工作時間延長。因為你知道勉強延長工作的時間，只是徒增體力、腦力的負擔，沒有工作效率可言。如果你的最大時限是九十分鐘的話，那麼不妨就在每九十分鐘以後都做個休息。休息是為了走更遠的路，在適度的充電之後，更能提高工作效率。即使你的最大時限只有二十分鐘也無妨，只要能發揮最大的工作效率就可以。

此外，適度地變換工作內容也有助於效率的提升。數學做累了，可以改念歷史。書寫的工作做累了，可以改成閱讀資料。變換的內容雖然因人而異，但最重要的是記住「不可能永遠保持精力集中」的原則，為了保持工作效率，稍微費心於工作內容的求新與求變才行。

保持某種程度的緊張感

其實「緊張」的另一層意思就是「投入」。在原始時代，人類的老祖宗們在受到猛獸追逐的時候，常常心跳加速、手心出汗拼命地逃跑，而手心出汗恰可防滑，以致能攀爬上樹頂躲避野獸的攻擊。換句話說，「緊張」是下個行動的準備動作，如果不緊張，就無法使出渾身解數逃脫。所以，「緊張」是當時的人們求生存不可或缺的本能。

這樣的「緊張效果」不僅在原始時代發揮作用，即使是現代人也不可或缺，因為，緊張的情緒會激發精神的集中力，使得思緒清晰、活潑起來。所以，緊張是正常的精神反應。是在明瞭所面對的問題的重要性之後，產生出來的正常反射。

所以，面臨重大考試卻一點也不緊張，若無其事，並非好事。因為，沒有緊張就沒有警戒心，事情就容易出差錯。當然，過分的情緒反應，緊張得什麼事情也做不了的話，比不緊張更糟糕。但適度的緊張情緒，絕對有其必要。

培養自己集中精神的能力

為了提高工作或讀書的效率，有必要在平日訓練好自己集中精神的能力。

「緊張有助於發揮集中力」的另一明證就是站在書店閱讀的時候。相信很多人都有這樣的經驗，有時候並不打算買書，只想在書店查查資料，雖然東抓一本西抓一冊隨意地翻閱，但這個時候看到的內容印象卻意外地深刻。其實，這應該是擔心書店老闆或店員，會出面干涉的緊張感所致，因為緊張才激發了異常的集中力。

讓自己有一種成就感

鼓勵自己

根據心理學的實驗證明，一個人如果處於不瞭解自己工作成績的情況下，很容易就喪失工作幹勁，失去工作熱忱。反之，如果能很清楚地知道工作進度與成就，往往能提高工作效率。這個道理，在提升工作效率上絕對是不二法則。

但話說回來，要把工作的成績化為可以客觀確認的數字，有時候的確有其困難。學習游泳的成績，可以根據昨天游五公尺，今天游八公尺的客觀資料，很簡單地得知成果；但除了一些單調、機械式的工作外，通常很難以客觀的資料來顯示工作成果。而且是層次愈高的工作愈難以用數字表示。

一個必須花上十幾年工夫才能完成的研究工作，它的成績是一點一滴慢慢地累積成的，換句話說，很難在短期間內獲得研究工作成果，而它的工作成果更難以用具體的數字來表示。由此可知，讀書或是工作的成績計算，不僅關係到具體的「量」，也牽涉到抽象的「質」。

儘管如此，計算工作的成果，確實很難把「質」的問題也列入考慮。所以，有時候在不得已的情況下只好割捨掉這一層考慮，單以具體的工作量來衡量了。

提升工作效率

在理想目標與實際情況之間，多少會有些差距。譬如，一天預定讀書八小時，卻由於種種的原因只達到七小時，甚至只有五小時，類似這樣的差距，都應逐日記錄在你的「進度表」上。

事實上，不論預定的計畫有多理想，現實生活裏總會出現無法預料的情況，影響計畫的完成。現實生活裏戲劇性的突發事件雖然不多，但阻撓計畫達成的事卻不勝枚舉。可能是生病，也可能是友人的突然造訪，所以，無法達到預期目標的時候，千萬不要沮喪、悲觀，目標無法達到也沒有關係。

但是，卻也不能因為「沒有關係」，就不盡全力去完成它。為了達到目標所做的努力固然重要，但彌補理想與現實之間的差距所做的作業更是不容忽視。雖然這個差距也許永遠無法彌補，但無論如何總是朝目標更前進了一步。

「目標」的重要性並不在於完成，它本是為了提高工作成績而訂的假設。換句話說，設立目標只是完成工作的手段而已。因為沒有目標就沒有方向，沒有嘗試的樂趣，也就無法做出任何的成績來。「目標」是為了避免人性中，苟且偷安的弱點所必須的。

眼高手低的空想當然另當別論，如果是一個有實現可能的目標也無法達到，就有必要深究其原因了。因為在理想與現實的差距裏，必定潛藏著自己的未激發的工作潛能。

譬如，某一位業務員的工作成績始終不理想，那麼他就有必要回顧、檢討一下以往的工作方法。問題可能是出在自己的交涉能力，也可能出在事前工作的不夠周全。總之，必定是過程中某處有了缺失。如果這位業務員不加以檢討，改進以往工作缺失的話，永遠也無法提昇工作的成績。在理想與現實的差距中，不僅可以找出提升工作實績的潛力，就算工作成果已經很令人滿意，也可以讓它更臻於完美。總之，在工作完成時再一次檢視其過程是絕對有必要的。從檢視過程中你可找出客觀衡量自我能力的標準。不論工作或是念書，只看到表面所得到的七十分，卻從不去探討失去另外三十分的原因，是永遠無法進步的，只能永遠停留在七十分的程度。

「進度表」，就是方便個人找出目標與實際之間差距的原因的最好資料。愈是凸顯差距的存在，就愈能感受到檢討差距原因的重要性。而加強其視覺效果，更有助於早日發現差距的產生。

為了有效地檢討工作上的缺失，最好的方法就是換另一個角度來看問題。有許多時候，你可以藉助他人的忠告達到改進的目的。有道是「旁觀者清，當局者迷」，別人也許可以提醒你疏忽的地方。

如果沒有人可以提供你改進的方法時，就必須自己積極地尋求突破才行。這時，你得嘗試換個角度來看事情。這就像寫文章一樣，在完成之際，要換個角度檢視一下是否前面是口語體，後面是文章體，是否有前後不一致的情形，或是文章有沒有涉及人身攻擊，有沒有錯別字，文章格式是否一致等等。如果能再三檢討的話，就可以使文章更臻完美。

養成有系統的習慣

據統計，一般公司職員每年要把六周時間浪費在尋找亂堆亂放的東西上面。這意味著，每年因不整潔和無條理的習慣，就要浪費近一三％的工作時間！

養成有條理的習慣，還有另一層意思，就是尋找自己的「生理節奏」。

時間用得不適當很少是只涉及到某一特定事件，它通常是一種根深蒂固的行為模式的一部分。要向好的方面改變，就必須常常和多年養成的某種習慣搏鬥一番。

改變行為模式有兩種方法：一種是強迫自己遵行新的行為模式，直到這種模式生根為止；另一種是利用獎勵辦法來逐漸「形成」一種新的行為。

如果你要徹底改變你的行為模式，使你能夠正確地評估出你的進度。你或許要運用「厭惡」的辦法，但是這個辦法會產生不愉快的作用。

對我們大多數人來說，要認識的重要一點是：任何事後可以使我們感到愉快的行為，往往會鼓勵我們努力去做，而且更可能會再度去做。你可以從別人那裏得到鼓勵，但是你也可以給自己某種獎賞來鼓勵自己。例如，為你完成（或開始、堅持）一項困難或冗長乏味的工作；繼續去做一項優先工作，而不閃避它去做次優先的工作；著手去做一項不愉快的工作；拒絕一項不重要而且又會耗費時間的要求等等。

這種獎賞可能微不足道，但只要能使你覺得愉快就行了。它可以是實物——一片口香糖、一杯咖啡、一些點心。它也可以是允許你自己去做某一件事情——休息一會兒、早一點下班，或買一雙鞋子等等。它也或者是在你每次向正確方向走一小步的時候，在你心中的自我撫慰而已。

要記住兩點：

一、為懈怠而處罰自己，不如為成功而獎賞自己來得有效，因為積極地鼓勵是達到改變行為最有效的方法。

二、你必須為每次的「小」成功獎賞自己，而不是等到有大成就。

在棒球比賽裏，勝利不是取決於安打數目，而是取決於跑回本壘的次數。只跑到三壘，並不能因為跑了四分之三的路程而得分。

工作也是這樣。能夠開始當然很好，繼續做下去也不錯，但是不到完成，你就不算做了你開始做的事情。很多人有一種把一件工作「做了一會兒」，然後又放在一邊的習慣，還欺騙自己已經完成得很不錯了，實際上卻是典型的「爛攤子」而已。

當然，如果工作範圍太大而不能一次做完，這項建議就不適用。那你該怎麼辦呢？很簡單，用「各個擊破」法，把這件工作分為許多小而可以掌握的工作（最好用文字寫出來），然後指定你自己把一項小工作完成之後才停下來。那麼，在你把這種工作放在一邊的時候，就不會覺得留下太多的紊亂頭緒，而會覺得完成了這件工作的一個階段，而且隨時都可以再做下一步小工作。

例如，你有一份很長的報告要寫，你要避免「一次只做一個小時左右」的安排，而要指定你自己先寫好大綱，或做好調查研究，或寫下引言。做好了這一步，你把它放在一邊就可以有完成某一件特定事情的感覺，並且清楚地知道你下一步該做什麼。下一次再做的時候，你就不需要再重新去理出頭緒，也就不會有心智阻礙。

把工作分成許多小工作去做，你就會養成所謂的「強制去完成」的良好習慣。這會為你每天省下很多時間。

如果拖延是你的問題，那你就不能再拖延著不去做了。

義大利臘腸在切開之前的樣子非常笨重，而且看起來令人倒胃口。但是把它切成薄片以後，看起來就不一樣了。切了以後，你就可以處理它了，也就是可以用你的牙齒大嚼一番。

例如，有一個電話你應該打，你已經拖延很久，而且這個電話可能會令你不愉快的電話。在這種狀況之下，「義大利臘腸切片法」可能會是這樣：

一、查出電話號碼，並且寫下來。

二、定出一個打這通電話的時間。（要求你立刻打這通電話，顯然是超出了你現有的意志力量，因此讓自己先輕鬆一下。但是要有一個要求，那就是堅定地承諾在某一特定的時間打這通電話，並且把這個時間寫在你的日曆上。）

三、拿出檔案看看，這通電話所涉及的究竟是怎麼一回事。

四、決定你確實要說些什麼。

五、打這通電話。

另外，一件大工作，「片段」的數目可能會很多，那麼列出一份工作分段表吧！要訣是使每一件小工作簡化便捷到可以在幾分鐘之內做好。然後在交談與交談之間，或在等電話的幾分鐘，解決一兩項「立即可以做好」的小工作。沒有這張工作分段表，你可能永遠不會著手去做這件大工作。

請記住：這件大工作的第一片段——第一件可以立刻做好的小工作——就是用「文字」列出這件大工作所涉及的許多小步驟。

「各個擊破」的原則不止可以用在作戰之中，也可以用在工作方面，只要動點腦筋，任何事都可以迎刃而解。

還有一種是基於認識到我們不能立刻採取行動，並不是因為這件工作有什麼特別的困難，而是我們已經養成了拖延的習慣所產生的解決問題的方法。拖延很少有特定原因，它是一種根深蒂固的行為模式。如果我們能夠改變思考習慣，這種問題往往也能迎刃而解。

對很多人來說，要改變一種根深蒂固的習慣，會是一件痛苦的事。他們已經努力過好多次，完全利用意志力量——新年的新決心，來改變習慣，但是都失敗了。其實這並沒有那麼困難，只要你用對方法。

那麼，我們工作中也只有瞭解自己的「生理節奏」，才能讓我們的工作做得更好。所謂「生理節奏」，就是瞭解你在一月、一天當中，什麼時候精力最充沛，腦子最清爽。就像心理學上把人分為「百靈鳥型」和「夜貓子型」一樣。「百靈鳥」是早晨最活躍，而「夜貓子」則是越晚越有精神。

要用精力最好的時間來做最好的、更重大的事，而用精力不好的時間來做較不重要的事情，這樣才能表現真正的高效率，並且能讓你保持能量，節省體力，節約時間。

「這就是我對恰當把握條理與節奏的看法。」史帝芬端起咖啡喝了一口說道，同時用期望的眼神看著一分鐘經理。

「不錯，年輕人，你有了很大的進步，我想你的行動基本上是成功的。」一分鐘經理人很愉快地予以了肯定。

「但這是你的全部嗎？」同時他又反問了一句。

「當然，不是全部。」史帝芬輕鬆微笑了一下：「接下來我希望您指正的觀點是：『使自己的時間更有效運用』。」

史帝芬的實踐二：增加時間效率

用更少的時間做更多的事

「在工作中，經過不斷地失敗，我逐步地發現，如何在同樣的時間內做更多的事情，這是值得每一位希望有效管理時間的人，要認真思考的問題，因為只有這樣才能使自己獲得更多的時間，也才能遇上更多的機遇。」──史帝芬略有所思地說。

人們不論做什麼事情，都要講求效率，效率高者，事半功倍；反之，則事倍而功半。歷史上凡是事業真正有成就的人，在工作和學習時總是注意力高度集中，達到如癡如迷的程度。

例如，居里夫人小時候讀書很專心，完全不知道周圍發生的一切，即使別的孩子為了跟她開玩笑，故意發出各種使人不堪忍受的喧嘩，都不能把她的注意力從書本上移開。有一次，她的幾個姊妹惡作劇，用六把椅子在她身後造了一座不穩定的三角架。她由於在認真看書，一點也沒有發現頭頂上的危險。突然，三角架轟然倒塌，居里夫人也摔倒在地上，但手中還捧著書，一片茫然，以為發生了地震。

這樣的例子還有很多：大科學家牛頓把懷錶當雞蛋煮；黑格爾思考問題時，竟然在同一地方站了一天一夜；愛因斯坦看書入了迷，把一張價值一五〇〇美元的支票當書籤丟掉了。

怎樣使注意力高度集中呢？一個必要的條件就是：使刺激引起的興奮強烈起來。愛迪生在實驗室可以兩天兩夜不睡覺，可是一聽音樂便會呼呼大睡。可見，注意力與興趣有著直接的關係。興趣大的事情，對人的刺激就大，興奮程度就高，注意力就容易集中。

古語說：「書癡者文必工，藝癡者技必良。」注意力的聚集所迸發出的智慧的火花，點燃了科學史的引擎，又推動著事業的前進。學會使自己的注意力高度集中，提高時間利用率，是自己學有所長的一個重要方法。當然，由於工作性質的不同或是學習是在業餘時間進行的，長期把注意力集中在一個方面不可能，那就需要把注意力恰當地分配，同時注意幾個方面。

這樣可能嗎？當然可能。愛迪生從一八六九年到一九〇一年，正式登記的發明有一三二八項之多，有許多發明是同時進行的，而且各個項目在進行中又是互相交叉、互相啟發的。有的專家認為，一個人在一段時間內可以平行進行的項目，最多為七項。怎樣分配自己的注意力呢？一種是「階段性突擊式」的分配方法，即在一段時間裏集中注意力從事一個項目。另一種是「課程表式」的分配方法，它是一種每天有節奏地在不同時間裏進行不同的工作方法，如同學校的課程表一樣。

善於把握零碎時間

爭取時間的惟一方法是善用時間。

把零碎時間用來從事零碎的工作，進而有效的提高工作效率。比如在車上時，在等待時，可用於學習，用於思考，用於簡短地計畫下一個行動等等。充分利用零碎時間，短期內也許沒有什麼明顯的感覺，但長年累月，將會有驚人的成效。

世界上真不知有多少，本可以建功立業的人，只因為把難得的時間輕輕放過而默默無聞。

滴水成河。用「分」來計算時間的人，比用「時」來計算時間的人，時間多五十九倍。

達特茅斯醫藥學院睡眠診所主任彼得・哈瑞博士的研究證明：大多數成年人每天平均睡眠在七～七・五小時，但是對很多人來說，六個甚至五個小時的睡眠，就已經足夠了。超過你需要的睡眠只是把時間耗掉而已，對健康不但無益而且可能有害。

哈瑞博士說：「要找出你需要多少睡眠，你應該以不同的睡眠長度來做試驗，每一種試驗一或兩個星期。如果你只睡五個小時，仍然覺得心智敏捷，工作有效率，那就用不著強迫自己躺在床上七個小時。如果你睡了八個小時，仍然覺得軟弱無力，難於集中精神，那你可能就是那些需要十個小時睡眠的人之一。」

根據維吉尼亞大學精神病學系睡眠試驗室主任羅勃・范卡索博士所說，人所需要睡眠長度的不同，似乎和新陳代謝、個性，以及從白天活動中得到的樂趣有關。他說：「做無聊而令人厭煩的工作，會使人以更多的睡眠，來避免面對每天冗長而乏味的例行工作。因此，我不會要求每一個人都制訂一個同樣的睡眠時間表，但是大多數的人就是比平時少睡很多，仍然能夠過得不錯。」

還應該注意到的就是有些情況會影響人的睡眠：在感到特別有壓力或生病的時候，人就會需要更多的睡眠。

很多成功的人認為他們成功的一項重要因素，是他們遵從了富蘭克林的建議而獲得更多時間。富蘭克林的建議是：「懶人睡覺時，你要刻苦奮進。」例如，已故希臘船業鉅子歐納西斯，常常在清晨五點鐘就起床了，並且認為這個良好的習慣幫助他成功。新奧爾良著名的歐吉斯納診所的阿爾頓・歐吉斯岡博士，發現他一天只要睡四個小時就足夠了；而著名的心臟外科醫生麥克・戴貝克也有同樣的發現。（他們兩個人都採取一種只睡四小時的做法，但是白天如果覺得疲倦了，就小睡五～十分鐘。）

發明家富勒曾經採取每三個小時再小睡半小時，二十四小時合起來只睡四個小時的做法，實行了一陣以後，因為有礙業務，才放棄了這種做法。

當然，這些都是特殊的人。如果你只睡六個小時仍然覺得很好，那就不必睡八個小時。一天節省兩個小時，星期一到星期五就節省了十個小時，每個月就是四十多個小時——每個月比別人多一個星期。

如果認為這樣野心太大了，那麼想想看每晚少睡一個小時會怎麼樣：等於是一年比別人多六個星期，以一生工作時間來算，就是多五年。

所以我們需要的是：起來工作吧！

在大都市，人們每天用於上下班路途上的時間是非常可觀的。在美國上班時間平均單程是二十二分鐘，而在人口一百萬或更多的大城市，三二%的人住在距離上班地點三十五分鐘車程的地方。

任何事情要在你一生中用去這麼多的時間，都值得你特別注意。很明顯的，有兩方面特別值得你考慮一下：

一、是否能減短交通時間？

威爾克先生開車上班三十五分鐘。他的朋友布朗先生住在距離上班地點只有十五分鐘車程的地方。威爾克先生並不覺得其中的差異有什麼特別意義——「只多幾里地而已，早已習慣了。」但是我們來算一算，二十分鐘的差異表示一天四十分鐘，一個星期三個半小時。以一個星期工作四十小時來計算，在上班路途上威爾克先生「一年」要比布朗先生多用「四個星期」的時間。

在選購房屋的時候，上班時間當然不是最重要的考慮因素，但只有五～十分鐘車程的差異，長年累月積聚起來，差異就大了。能源危機倒是能刺激每一個人更認真地長遠考慮上班距離。

二、是否能有效地利用交通時間？

聽車上收音機任意播放的節目，並不是利用這段時間的最好辦法。更有效的運用包括：在早晨業務彙報之前，把有關事項先想清楚；分析業務、私人問題或機會；在心裏面為一天的工作先計畫一番；聽聽用來增長你專業技術的錄音帶。不過，聽聽新聞報導甚至音樂CD，也都是利用這段時間的好辦法。

重要的是避免由惰性或習慣來決定如何利用上下班的時間。要有意識地決定在這段時間裏，把注意力投注在什麼方向。我們就會驚異地發現，不浪費這段時間會獲得多寶貴的益處。

不要把一些短暫的時刻（約了一起吃中飯的人遲到時，或在銀行排隊，向前移動緩慢時）視為虛耗掉的時間，而要當成意外的收穫，可做一些平常要延緩去做的某些事情。

推銷員常常發現在接待室等待和顧客面談的時間，足夠他辦完所有紙上作業：寫一份和上一位顧客面談的報告、寫給顧客以及可能成為顧客的人的信件，計畫以後拜訪哪些人，填寫支出費用報告等等。每一個人都可以找些適當的小工作，利用這種零碎時間來完成，只要把必備的表格或資料帶在手邊就可以了。

不要認為這種零碎的時間，只能用來辦些例行紙上作業或次優先的雜務。最優先的工作也可以在這少許的時間裏來做。如果把主要工作分為許多小的「立即可做的工作」，我們隨時都可以有費時短卻重要的工作可做。

因此，如果時間因為別人沒效率而浪費掉了，要記著：這還是自己的過失，不是別人的。

對一名速記員或對一部答錄機口授，哪一種情形更有效，永遠沒有令每一個人都滿意的答案。有些人對著一支冰冷而沒有人性的麥克風口授，總有一種心理上的障礙，而寧願對著一個人講話。許多速記員花了很多小時克服修正速記的困難，對於錄音機當然會表示出一種敵意。

利用答錄機的好處是非常明顯的。它能讓我們用自己的能力來口授，必要時我們也可以停下來，有充裕的時間去查詢資料或組織我們的想法，而不會浪費別人的時間。例如，威廉・伯克萊二世一個星期接到大約六百封信，大部分都由他親自回答，其中有不少信是他在開車上下班的途中想出來的。

最沒有效率的通信方法，是自己寫長信，然後交給別人抄寫。

丹尼爾・胡威曾做過一次調查，發現四〇%的美國高級經理人中仍然用這種老方法。如果你沒有一部口授答錄機，而心理上又不習慣向速記員口授信件，那就口授要旨大意，由速記員寫成這封完整的信或至少寫成草稿。很多忙人都利用這種辦法處理信件。

用口授答錄機的一項警告：就是要保持簡要。因為，很多人對答錄機講話很容易有說廢話的傾向。

假定你是一位盡責的職員，而目前公司卻沒有足夠的重要工作讓大家都忙起來。那該怎麼辦？為了覺得自己很有用處，就開始找些多少有一點價值的工作做。你可以安排一次意見調查、準備一次測驗、修改政策手冊、重新組織檔案系統、改變標準人事表格、製造一些繁瑣的檔案、設計一個委員會、召集一次會議，以及任何足以使你和別人看不出自己根本沒有什麼要忙的事。

如果根本就找不到什麼建設性的工作，就可能會專找別的部門或別人的碴。所有這些騷亂和無事找事，都是因為機構裏有太多的人員。

在一個精簡的機構裏，大家因為都太忙了，而不會去弄出些無足輕重的事，因此他們不會有這些問題，就算有，程度也不會太大。

這個理論是有一些道理的，約一個人一同吃午飯是能夠有效利用時間。不過，大多數會產生反效果：一共用去了兩個小時，通常還會使你吃得比平時多（還可能包括一兩杯酒），以至於下午精神不濟。實際上你用了兩個小時的時間，只做了可以用二十分鐘做到的事。

很多人發現把午餐時間延遲到下午一點鐘或一點鐘以後，而用正午時間來辦事效果更好。在大多數的辦公室裏，這段時間的電話等干擾會比較少；在大家趕著吃飯的時間過了以後，再到飯店去可以得到比較快的服務。

保護自己的週末。除非有緊急情況，否則不要讓工作延長到週末——如果上帝在工作了六天之後還需要休息，那麼你認為你是誰呢？居然還認為你不需要改變一下步驟。

週末運動、輕鬆一番，完全遠離辦公室或工廠的事務，有助於有效運用下一週的時間。如果偶爾計畫出一個長的週末，那就儘管去度一個長的週末。

計畫如何運用自己的週末，不要總是隨便就接受，否則會讓自己不知所措。為週末擬訂出一些特別的計畫，可以提高這一週的工作士氣，刺激起要把一週工作做完的興趣，使工作不會干擾到週末的計畫。

最重要的是，要認識到今天是我們惟一能應用的時間。過去已經是一去不回，未來只是一種概念。這個世界上每一件事情的完成，都是由於某一個人認識到今天是行動的時間。

十九世紀蘇格蘭作家、歷史學家及哲學家卡萊爾曾說：「我們的主要工作不是去看未來還看不清楚的東西，而是去做目前手頭上的事情。」十九世紀英國散文家、批評家和社會改革家羅斯金把「今天」這兩個字刻在一小塊大理石上，放在桌子上，好經常提醒自己要「現在就辦」。

不被瑣事纏身

不要浪費時間。它的含義是說不要因為睡覺、玩耍、閒聊等沒有價值的事，過多地使用時間。但還有更重要的一點是說，不要做沒有結果的事情。沒有結果的事就是不值得做的事情。

做不值得做的事，會讓自己誤認為完成了某件有意義的事情，進而心安理得；做不值得做的事，會消耗自己做有價值的事的時間；做不值得做的事，就是浪費自己的生命；不值得做的事，會造成一種誤解，你越是做不值得做的事，就越覺得自己有毅力。

因此，對於想做一件事，一直做不出名堂的人來說，美國著名成功學家拿破崙・希爾的觀點是，如果一開始沒成功，再試一次還不成功就該放棄，愚蠢的堅持毫無益處。

停止做瑣碎無價值的工作

瑣碎而無價值的工作，指的是一些不重要的任務或工作，而且報償低。它消磨你的精力和時間，使你不能處理更為重要且當務之急的工作。瑣碎無價值的工作可能是將文件歸檔、清理辦公桌抽屜、日常文書工作或者沒有緊迫任務時，任何人都可以做的那種工作。

解決方法：

作為管理人員的你可以在你的辦公桌前放一大塊字牌：「任何時候，只要可能，我必須做最有成效的事情。」以此，盡可能減少瑣碎無價值的工作。當你開始做瑣碎工作，作為拖延重要工作的藉口時，看看字片就知道自己又在浪費時間了。

當你陷入瑣碎工作中時，一定要自我反省。問問自己：你現在的動作是否接近你最優先考慮的事情。如果不是，就終止它們，並著手重要的事項。讓自己變成時間的駕馭者，減少例行公事，多參與困難的決策和計畫。如此一來，你就會增加自身價值和晉升的機會。

克服在辦公室裏說長道短的習慣

當你允許別人在工作時間侵佔你的時間越長，你就愈難擺脫他們。要想讓自己的事業獲得相當的發展，人際交往是不可或缺的，但是如果讓別人侵佔了你寶貴的時間，那你就沒有時間去做高效率的工作了。

最要命的是，這些侵吞你時間的人，大都是你的親朋好友，使你拉不下面子拒絕或下逐客令。但是，你要了這個「面子」，就會喪失事業上的那個「面子」。因此，為了生活和事業，每個人一旦遇到「時間大盜」，必須學會說「不」！

解決方法：

你得透過你的一切表現，明白地告訴所有認識你的人：「我絕對不是那種讓別人浪費我時間的人！」你在別人心目中建立起這種印象之後，「時間大盜」在你的門前就會望而卻步。

增效法則

採用正確的方法，你就能把事情做好。

善於利用時間的人，具有深思熟慮的能力，並能選定做事的最佳方法。例如，在寫一封重要信函之前，他們總會先計畫一下自己要說什麼，找出完整的資料，然後再動筆寫信。

觀察別人在家中、公司裏是如何處理事情的，以及他們所採用的方法。正確的方法能使你在充滿競爭的世界中，凡事事半功倍，而非事倍功半。

將時間集中於高報償的工作

你最初開始工作，你對你的上司說，你能做高報償的工作。而今，瑣碎的日常工作使你不能自拔。此時你必須將自己的興趣轉移到高報償或是重要的工作上，從而從繁瑣的事務中解脫出來。

解決方法：

把高報償工作分成幾個步驟。比如：你要寫一篇關於你公司廣告活動的報告。首先，你要確定這項活動的主題。一旦完成了主題，你便能寫出幾份廣告來。下一步你就要考慮該將廣告登在何處等。

注意：你按照計畫中的步驟一步步進行，在工作開始告成之際，就將情況告知他人，這件工作使你難以忘懷；成了你利用時間計畫中的重要部分。

成功時，一定要獎勵你自己。給予你自己一種獎勵，可以使你在工作中更有衝勁。一些富於創新精神的公司也採用獎勵方法，以增加幹勁和提高工作效率。

做事的方法應因時因地而變

在日常工作中，你已經形成了一套處理工作的習慣性程序，無論什麼事情，你總是一次又一次地以同樣的方式去完成。但是工作完成之後，你總是覺得浪費了時間。

解決方法：

以不同的方式看待一件工作，經常問自己：你能以別的方式去做嗎？你們辦公室或是家裏能有別人幫忙嗎？

試著將你的時間劃分為不可控制時間和可控制時間。不可控制時間是一天之中的一部分。例如，在這當中，你必須於上午十一點前完成生產報告，或你必須參加上司召集的一次會議。可控制時間也是一天之中的一部分，在這當中，你可以決定你想做的工作，你有時間考慮你想如何利用一天中的這部分時間。

善於利用時間的人都善於運用可控制時間。他們明白自己只有有限的時間，所以他們要在最大限度內利用這些時間。

一旦處於可控制時間階段，就趕緊列出要做的事項表，分出輕重緩急，著手進行最重要的工作，直到完成。

防止工作被經常性的打斷

一天開始，當你正著手當務之急的工作時，電話鈴聲響起、郵件寄到、客戶詢問，然後又有同事要求跟你談工作的體會等等，使你把當務之急的工作擱置一旁，捲入這些事務之中。一天過去了，你發現還沒開始你當務之急的工作。

解決方法：

毫不猶豫地立即著手你當務之急的工作，因為它將帶給你所需要的報償，以使工作可以有所成就。

一天當中，總會有一些小干擾，你必須要能夠一而再、再而三地回到原位，以繼續首要的工作才行。因為花過多的時間做毫不相干的事情，會直接影響你完成當務之急的任務。

你也可以在你辦公桌上放一個檔夾，取名為A號文件夾。早晨上班時，就著手做這個檔夾中的A號工作，直到完成，只有完成了A號工作，才能進行下一個最重要的工作。如果不這樣做，你就可能永遠完成不了最重要的工作。

充分利用黃金時間

一天當中，相比較之下，工作效率最高的時間是在上午十一點到下午一點之間，其餘時間會稍微有所下降。

解決方法：

制訂出你的工作效率和程度表。一天之中，什麼時間電話鈴會響個不停？什麼時間會議次數最多？什麼時間最忙？這些情況將告訴你，人們在什麼時候精力達到最高水準。然後儘量挖掘這種潛力。

把重要的約會和會議安排在上午十一點左右，你便能與處在最佳狀態的人們打交道，而且可以獲得最高效率。

若大清早就召開重要會議，人們或許還在想著週末或昨天晚上的事，難以進入會議的主題。如果會議是在下午五點召開，你更會發現許多同仁精神不濟，會議的實效也會減少。

所以在處理重要事件時，一定要懂得掌握黃金時間。

靈活改變已定工作計畫和事項

你的計畫全部安排好了。但現在，你必須要佔用你的時間，會見來面試的幾名求職者。這個很重要，你急需讓人填補上空缺，以便能放心做你的高報償工作。高報償工作就是以更多的金錢作為報償，或是能給工作帶來更多的成果的工作。你跟上司花了三天時間，會見幾名求職者。此時，公司中又有其他問題發生，你們的大客戶對上次交易的貨品抱怨不已，他暗示可能去跟別人做生意。你該怎麼辦？

解決方法：

什麼是高報償工作？自然，顧客最為重要。照顧你顧客的需要，你們的客戶必然感到滿意。為了公司，也為了你個人的利益，你必須視情況調整工作重心。如果你們失去大客戶，也就不再需要面試其他人員了，因為你們將會損失一部分盈利。善於控制時間的人都懂得適度改變計畫。

一旦你使不高興的客戶滿意了，你就可以再去會見不被淘汰的求職者。你必須要隨著情況的變化而變化，否則，你就會因小失大，鑄成大錯了。

制訂一個日常工作的定額

你今天打算完成什麼工作？怎樣去充分利用這一天呢？為自己確定出工作定額，才不致虛度一天。

解決方法：

日常工作定額將幫助你實現每週的、每月的，以及最終每年的定額。當然也有日常定額不能完成的，例如生病、事假等等。但是如果大多數時間你完成了定額，你就會取得成功。

因此你必須檢查一下你需要什麼樣的日常工作定額，完善你的最佳定額，以實現自己的目標。如果你不願意腳踏實地做日常工作，就永遠不會獲得成功。所以為自己制訂出工作定額，下決心去實現它吧！

不要翻來覆去地檢查每一件事

參加重要活動的邀請名單已經查過一遍了，增列了一些人，又去掉了一些人，反反覆覆折騰個沒完；有關內部人員使用電話的報告，你已經重新寫過十七次，因為你想在文字上達到盡善盡美。出現以上情形的原因是你想使一切都完美無缺，即使沒有什麼正當理由，你也要對事情做一些改變。

解決方法：

問問自己是否需要這種過分強調精緻且耗費時間的完美？你需要對一切事都重新檢查嗎？在某些情況下，是必須力求精確的，但是真正的完美是難以達到的。因此正確的做法是給自己一個時間表，盡自己最大的努力。當你發現事事追求盡善盡美的做法有所減少，也許，你就能集中精力從事其他重要活動了。

捨棄不必要的個人及外事活動

你準備與你們銀行最重要的客戶在上午十一點會面。電話響了，是一位學校校長找你，請求你對他們教學的資金籌措計畫給予幫助，你爽快地答應了這位校長，可是，接著他又告訴你學校近來的變化以及他們未來的目標等等。你迅速瞥了一眼時鐘，發現只剩下五分鐘，你和客戶的重要會議即將開始。你告訴這位校長，你得放下電話了。剛放下電話，電話又響了起來，一支足球隊的教練要你協助為本年度門票設計廣告活動，以增加他們的資金，結果，你個人及外面的活動，日益束縛住你在事業上所追求的目標。

解決方法：

冷靜地思考一下為什麼你從事了每一項活動？時過境遷之後有所變化嗎？今天看來還有必要嗎？

砍掉那些毫無意義的活動，保留那些對你重要的活動才是解決之道。

一位企業經理的解決辦法，是把個人和外面的活動，限制在下班以後的時間。

另一位經理的解決辦法，是他規定工作時不接私人電話、不辦私事或參加外面的活動。儘量把過量的其他活動減少到最低限度。

妥善安排你的時間

你不知如何安排時間。

解決方法：

卓有成就的人們知道該把時間花費在什麼地方。他們具有自我矯正的能力，從而把時間用到適宜的地方。以馬登為例，他是一家保險公司的人壽保險業務員。半年以前，全公司裏他一直是最大保險銷售額的業務員之一。

在過去的半年當中，馬登不願意工作，他打破自己的慣例去讀報、打網球或者隨便做些別的事，因此，降低了他的業績。當他制訂出一份工作時間表時，馬登發現，他只用三　五分鐘，就確認了他要把自己最寶貴的時間用於何處。馬登一經認識到所浪費掉的時間的價值，他就改變了做法。花上幾分鐘，對自己作一個利用時間的分析，使你自己重新有效地掌握時間。

而且，人們都很容易從一種工作，轉移到另一種自己最駕輕就熟，或當時最想做的事。然而當有人問及我們上周談到的重要目標時，我們只是說明天就開始。我們編造一個又一個的藉口，隱藏在所謂「我沒有時間去做」這種說法的背後。

一位年輕的推銷員，為了想在工作上有所成就，以確認他應當把時間花在何處，便來到圖書館，閱讀許多有關銷售人員的資料。他發現，新推銷員必須以七五％的時間去瞭解情況，或尋找客戶；八％的時間應當用來準備磨練銷售技能、才幹及產品知識，以便能提出一份最佳的產品介紹；剩下的時間就花費在你接近這個可能的客戶的時候。你必須抓住時機，使這個客戶做出決定，直到你拿到簽了字的定貨單為止。此時你就必須擺脫去做近在咫尺的工作的誘惑。承擔那種會帶給你所需要的成功的工作。

另外，不僅鐘錶上的時針會運轉，你的精力也處在循環的狀態中。鐘錶的時針從早晨運轉到晚上，而你的精力狀況也是從一個水平過渡到另一個水平。

我們每一個人都分配到同樣多的時間，為了從你的時間中獲得最多的效率，你應當考慮自己的生理時鐘。

- 把你最迫切的工作安排在上午。
- 午飯時間移到下午一點或兩點。
- 下午去做不太急迫的工作——零碎的工作。
- 傍晚回到更富有活力的活動。

要著眼於自己精力的高峰，避開精力的低谷，善用協調自己的精力狀況週期，你就能在最大限度上放大你的全部時間，並獲得最高的報償。有效的利用時間，意味著盡可能確定最佳方法，利用每天中寶貴的分分秒秒。

「你已經掌握時間管理的祕密了。」一分鐘經理人這一次很激動地打斷了史帝芬的話，「你果然是個很聰明的年輕人，我真的很為你感到驕傲。」

史帝芬此刻顯得有些不好意思了：「哪裏，哪裏，其實還是多虧您的幫助和指教呀！」

一分鐘經理人聽了微微笑了笑，話鋒一轉：「不過，同時你應該還要掌握一點，那就是學會休息。」

「您真的是太神了。」史帝芬驚訝地說：「這正是我要說的，也是給我感觸最深的一個話題。」

史帝芬的實踐三：學會休息

注意工作中的調節與休息

「曾經有一段時間，我也認為休息等於浪費時間，但是後來我發現不注意休息的直接後果，是工作效率的低下，」史帝芬感慨地說：「中國古人講：『一張一弛，文武之道也。』身處激烈的競爭之中，每一個人如上緊發條的鐘錶。確實應該記住：弦繃得太緊會斷的。而注意工作中的調節與休息，不但於自己健康有益，對事業也是大有好處的。」

有很多人，總是強迫自己無休止地工作，他們對工作沉迷上癮，正如人們會對酒精沉迷上癮一樣。他們被稱之為工作狂。他們拒絕休假，公事包裏塞滿了要辦的公文。如果要讓他們停下來休息片刻，他們會認為純粹是浪費時間。這些人都成功了嗎？沒有，他們之中，很多人不但沒有成功，反而使自己身心交瘁，有的甚至疏遠了親人，造成家庭的破裂。

確實，事業的成功是很重要的，但如果為此犧牲了健康和家庭，也是很遺憾的。在現代人的工作中，一個成功的人是會合理安排時間，注意有張有弛的。他們注重各種形式的鍛鍊，以保持旺盛精力去應付艱巨的事業、工作。他們也注意給自己留出與家人共用天倫之樂的時間。

可以說這才是一個現代人的生活方式。

在一天的工作之後，人在心理和體力兩方面都需要擺脫一下工作。如果經常將公事包帶回家繼續挑燈夜戰，其結果是越來越沒有精力在白天處理好事務。而且也會使之減低在辦公室裏把工作做完的衝勁，因為他會想：「如果白天做不完，我可以在晚上繼續。」久而久之，就會養成一種拖延的毛病。

因此，「班上事，班上畢」。除非有緊急的事務，不然，就不必把工作帶回家。你將享有一段舒適的晚間休息時間，和一晚上與家人同樂的美好時光，這將是一件非常美妙的事情！

調節不一定需要休息，從腦力勞動轉換去做幾分鐘體力勞動，從坐姿變為立姿，繞著辦公室走一兩圈，都可以迅速恢復精力。

另一方面人類的心靈需要安靜、獨處與平和的時間，以利於忘記競爭的壓力。因此，不妨在自己繁忙的時間表上，安排幾分鐘或十幾分鐘靜坐默想的時間，以獲得內心的平靜，讓自己擺脫競爭的忙碌和工作的壓力，退一步向前看看自己究竟在做什麼。

另外，小睡也是一種有效的休息和恢復精力的方法。小睡與正常睡眠並不相同，它因人而異，有時打個盹兒就能發揮作用。通常正常的睡眠以能恢復體力即可，不可貪睡；而白天的小睡，則是一種既不多占時間，又是有效地恢復體力的休息方法。

學會擱置問題

如果太固執於一時無法解決的難題，容易產生垂直思考的弊害。舉個運用思考解決問題的例子：

有一位債主向債務人討債時說：「不還錢沒關係，拿你的女兒來抵債！」說著，便從地上黑白交雜的石堆裏撿起兩塊石頭來，狡猾地笑著說：「來吧！我兩手中有一邊是黑石頭，一邊是白石頭，你選一個。如果選中白石頭的話，欠的錢無限期延期；如果選中黑石頭的話，嘿嘿，就拿你的女兒來抵債！」

其實，債務人已清楚地看到債主拾起的兩塊都是黑色的石頭。不論選擇哪一邊，都得立即還債沒有拒絕選擇的餘地……終於，債務人勉強地伸出手來指著債主的一個拳頭，作了抉擇。就在接過石頭的時候，他故意不小心把石頭掉到地上。地上滿是黑白石頭，誰也找不出到底哪一個才是掉下去的石頭。

這時，債務人一副抱歉萬分的神情：「對不起，我把石頭弄掉了。你手中的石頭是什麼顏色的呢？」

結果很明顯，因為留在債主手中的肯定是黑石頭，債務人化險為夷了。如果債務人一味繞著「選或不選」的問題傷腦筋的話，是無法找出解決對策的，必須重新思考，才能從另一個角度發現解決的方法。

解決工作上的問題也是同樣的道理，在垂直思考之外，也要加進橫向的思考才能找出解決辦法來。所以，為了避免陷於垂直思考的僵局，在碰釘子的時候，不妨暫且擱置問題，讓頭腦靜下來。切忌應付了事。

我們來把前面所提的事項做個整理：

一、遇上一時無法解決的難題時，不妨把它記錄下來，暫且擱置一旁。

二、把問題「存檔」於潛在意識中，或許可以從別的事物上得到解決的線索。

三、切忌隨便找個方法應付了事。

第一的「記錄問題」不僅可以留待日後找出好的方法，還有一項效用：當你把問題詳細記錄下來之後，由於不必擔心忘記它，便可安心地全力去做另一項工作。

據說，即使是已達上乘悟境的禪僧，打禪時仍不免會有若干雜念產生。許多禪僧因此在打禪時隨身備妥紙筆，一旦雜念浮現便立即畫寫下來。劃此一筆心便靜下來，便不會為雜念所限，而能繼續打禪。

為解決難題而撇下手邊的其他工作，是最不明智的舉動。建議你把它記下來，以便集中注意力繼續全力完成手邊的工作。

多一點長遠的眼光

犧牲睡眠實在是極不明智的。因為，即使熬夜的時候能保持極高的工作效率，但就長遠的眼光看來，其效果仍然不佳。更何況，走出校門之後，工作的壓力遠比學生時代要大得多，所以保持身體健康，無論如何要列為第一考慮的要件。

我們重視最終的成績，因此對於只求暫時效果的方法，素來不敢苟同。把眼光放遠，展望未來才是重要的。

熬夜加班處理事務，固然可能對隔天的工作有益，但也可能因而影響了後天或是大後天的精神，降低了工作效率。所以從長遠的角度來看，仍然不能算是有好效果，因為它一定會在某處造成負面的影響。

上班的人的生活就像馬拉松比賽一樣，如果在中途為了超越對手而亂了自己的步調，是絕對無法取得好成績。抵達終點時的成績才是真正的成績，光是追求中途的領先，只是滿足自己一時的虛榮罷了。

而且，如果養成了集中工作時間的習慣，工作的步調勢必不平均。因為心存「反正到×日做出來就可以了」的念頭，所以做起來事來就慢吞吞地、拖泥帶水，造成效率低下。

我們向來反對為了工作不吃不喝。為了保持工作的高效率，最重要的就是集中精神，飢腸轆轆一定無法集中精神，但有些人確實是一忙起來，連肚子餓都感覺不出來。這種情形每個月一兩次還無所謂，長期如此就算是鐵打的身子也會受不了的。

健康是做任何事情的最大資本，千萬不可掉以輕心。失去健康，不僅生活的步調大亂，有時甚至工作也做不成了。如果只為了逞一時之能而造成長期的弊害，得不償失啊。所以，為了保持馬拉松般的步調，切莫空著肚子硬撐著做事。

空著肚子做事固然不好，吃得太飽也一樣做不了什麼事，因為血液過度集中於腹部時，腦筋自然就會遲鈍，與這個很類似的還有一種情形——喝酒。吃太飽或喝酒均會因身體狀況異於平常，而導致腦筋反應遲鈍。

不要忘記休息的威力

一般公司的上班時間，如果包含午休的一個小時的話，通常都有八個小時。所以八點鐘上班的公司，辦公時間大概就是：上午三小時，下午四小時。

相信許多人都有同樣的經驗，上午的三個小時還沒有什麼問題，下午便常常感到疲勞。開始感到倦怠，工作的效率便會降低。這種時候最需要的，是以適度的休息恢復精神。

我們很贊同適度的休息，而且認為：不論面對如何緊要的工作，一旦發現自己疲倦了，就應該停下來休息休息，讓緊張的身心得到喘息的機會。因為，若明知自己的體力極限已至，卻還勉強自己繼續工作，除了會陷入工作的低潮之外，對自己更是一無益處。天下再沒有比這更蠢的事了。

休息是為了走更遠的路，我們主張疲憊的時候稍做休息。但是休息也絕不是要你放肆地放鬆自己。依據經驗，坐辦公室的人在工作中感到疲勞的時候，只需要停下來稍稍活動一下筋骨就可以了。

在走廊散散步，做些簡單的體操等等，如果情況不允許的話，甚至只要在原地伸伸懶腰、打打呵欠也足夠了。不過有些工作的確是不方便當場伸懶腰、打呵欠的。在這種情況下，你不妨到洗手間，舒舒服服地伸個大懶腰、打個大呵欠，甚至洗把臉。

三分鐘的「積極的休息」

我們稱這種為保持工作效率所做的休息為「積極的休息」。之所以將它冠上「積極的」三個字，只因為它有別於單純的休息，它是在保持工作效率的大前提下所做的暫停。這樣的休息必能在最短的時間內達到最大的效果。因為，辦公時間中是不可能做長時間歇息的。

一般而言，事務性的工作會令人感到疲倦，大概都是因為長時間保持同一姿勢，使得血液的循環不良，導致筋肉疲憊所致。

因此，如果你是一直保持著前屈姿勢的話，那麼在休息時可以做一些反方向的動作，使受壓迫部位的血液得以暢通，讓過度使用的筋肉得以舒展。我們雖然不是生理學家，無法做出立論確鑿的說明，但就很多人的經驗而言，這些動作的確很有效果。

疲倦的感覺是身體自然反應出來的警示訊息，一定是身體某部位有了超負荷，所以提醒你「不妙噻！」如果你還是視若無睹、我行我素地工作，將更增加身體的負擔。所以，一旦出現了警示訊息，最好停下來，讓負擔過重的部位恢復功能才是明智之舉。

把「積極的休息」的時間定為三分鐘，雖然沒有什麼生理學上的證明，但確有一些現實的根據。

因為三分鐘正好是許多事情的最小段落，一個電話、拳擊比賽一回合、單曲小唱片一張的時間……都是以三分鐘為一個單位的，所以我們認為，三分鐘應該也是讓緊張的精神，恢復彈性最妥當的時間吧。

如果休息超過了三分鐘，可能因中止的時間太長，而無法立即繼續先前的工作，這麼一來休息反而降低了工作效率。所以，休息三分鐘為宜。

至於這三分鐘的使用方法，可就因人而異了。為了使疲勞的身心得到休息，你可以做運動、聽音樂，也可以欣賞自己喜歡的畫家的作品……不過，在辦公室裏聽音樂、欣賞繪畫似乎不太合適，所以還是以活動筋骨的方式最佳。當然，只要自覺達到休息的效果，兩分鐘或是兩分半鐘也是可以的。

此外，並非做每件事情都得「休息三分鐘」不可。只要覺得身心仍在最佳狀況，一點兒也不疲勞的話，一鼓作氣完成工作是最好不過的了。如果硬性規定每工作一小時就要休息，恐怕就會把正在進入情況的工作打斷，不僅無法提高工作效率，而且還降低了工作效率。如果你手邊的工作正進入狀態，最好在它告一段落之後才休息。因為，如果無視最終工作進行的情況，只為了休息而刻意中斷工作，就適得其反了。

不要把工作帶回家

其實，工作就是一連串精神與體力的消耗，既然是一種消耗，一定有其負面效果。同樣的道理，生活也必須有張有弛才能保持工作的活力。而「家」，正是一個人在忙碌的工作之後，最好的身心緩和場所。不過，要求一走出工作場所就必須把工作完全拋到腦後，的確有其困難。

許多人習慣回到家裏，還要談些工作上的事情，如果是聊些工作上的成就，倒是有助於全家團聚的快樂氣氛。若回到家裏還要嘮叨些工作的內容，在放鬆精神上委實不妥。

史帝芬完全是用自己的激情，說完了所有自己的想法，然後用一種渴望的眼神看著一分鐘經理。

一分鐘經理並沒有立刻作答，相反地，他保持著沈默，但是看得出他是在用外表的沈默，來掩飾自己內心的激動。確實史帝芬讓他感到激動，因為史帝芬身上那股激情讓一分鐘經理感覺到一種衝動，但是作為一名成功人士的涵養又讓他保持住冷靜。

緘默了一段時間，一分鐘經理人才緩緩地說了幾個字：「年輕人，你會成功的，你將成為一名成功的經理人……。」

告別了一分鐘經理，史帝芬邁著輕鬆而愉快的步伐大踏步向家走去，剛才一分鐘經理的最後一句話，更讓他陡生一股挑戰人生巔峰的激情。他決定回家，再認真總結一下這段時間以來的所得。回到家，打開電腦，史帝芬寫下了幾個字「關於時間管理」。

史帝芬的實踐四：時間管理總結

制訂你的人生計畫

一個沒有目標的人，就像一艘沒有舵的船，永遠漂流不定，只會到達失望、失敗和喪氣的海灘。

現代社會人類生活工作的節奏越來越快，要做的事越來越多，如何從紛繁複雜的大小事中，找到你真正要做的事，衝破迷霧明確人生目標呢？這時你需要的是計畫，短至日常工作計劃，長至人生計畫，由它們帶領你在人生路上節節勝利。

人生如若沒有自己的目標，顯然是與行屍走肉一般。偉大的人生取決於偉大的目標，不一樣的目標就會有不一樣的人生。

奮鬥的動力來源於定下的偉大目標，人的成功歸功於對目標孜孜不倦地追求。對一個健康人來說，列出一份「清單」不是一件難事，難就難在是否能堅持下去，當然，這必須要付出代價。因此，每一個有志者，當務之急不僅僅是要制訂一份「生命清單」，更緊要的是要照著既定目標，永不退縮，最終實現有價值的人生。

然而，在現實生活中，有更多的是，沒有任何成就的普通人。普通人之所以為普通人，是因為他們沒有計劃任何事情，所以他們不認為沒有做出成績就是失敗，因為他們從未設定目標。這是他們比較安全而又沒有風險的做法。

用這種推理方法，那麼，是不是船停在碼頭比較安全，飛機停在地面比較安全，房屋空著不用比較安全呢？因為船離開碼頭會有風險，飛機離開地面會有風險，有人住進房屋也會有風險。但是船隻待在碼頭上會因侵蝕而無法航行，飛機停在地面將鏽得更快，房屋不用會損壞得更快。是的，設定目標有風險，但是不設定目標，風險更大。理由很簡單，建造船隻是為了在海中航行，飛機是為了在天上飛行，而房屋是為了供人居住。同樣的道理，人活著同樣需要一個奮鬥的目標來成就自己。

人生像是一部腳踏車，除非你是向目標前進，否則就會搖晃跌倒。

不論你從事什麼職業，是醫生、商人、律師、推銷員、牧師等，都有富裕的人跟你從事相同的工作。同樣是經營服務業，一些人發財了，一些人破產了；同樣是從事推銷工作，有人富裕了，有人依然貧窮。可見機會首先跟個人有關，然後才跟職業有關，職業只有在個人盡其所能時，才會為他提供機會。

不管你做的是什麼，在相同的職業上，已有許多人做出過重大貢獻。能使你成功或失敗的，不是職業或專業，而是你對自己以及職業的看法。偉大的目標應該是：「你必須在偉大之前，先看到它的偉大」。

偉大的目標首先是個長期的目標

沒有長期的目標，你可能會被短期的種種挫折擊倒。理由很簡單，沒人能像你一樣關心你的成功。你可能偶爾覺得有人阻礙你的道路，而且故意阻止你的進步，但是實際上阻礙你進步的人就是你自己。其他人可以使你暫時停止，而你是惟一能使你永遠做下去的人。

如果你沒有長期的目標的話，暫時的阻礙可能構成無法避免的挫折。家庭問題、疾病、車禍及其他你無法控制的種種情況，都可能是重大的阻礙。

當你設定了長期目標後，開始時不要嘗試克服所有的阻礙。如果所有的困難一開始，就解決得一乾二淨，便沒有人願意嘗試有意義的事情了。你今天早上離家之前，打電話到交通局詢問，所有的路口號誌燈是否都變綠了，交通警察可能會認為你無聊。你應當知道，你是一個一個地通過紅綠燈，你僅能走到你能看到的地方，而且當你到達那裏時，你又能看得更遠了。

一般說來，偉大與接近偉大的差異，就是領悟到如果你期望偉大，你就必須每天朝著目標前進。舉重選手都知道，如果你想成就偉大就必須每天去鍛鍊肌肉。

每一對想養育出有教養的可愛孩子的父母都知道，人格與信仰是每天不斷培養的結果。

每天的目標是人格最好的顯示器——包括奉獻、訓練與決心。我們採取的偉大長期目標來幫助我們實現夢想裏的目標。

其次，偉大的目標還必須是堅定的

目標很重要，幾乎每一個人都知道。街上的一般人在人生的道路上，只是朝著阻力最小的方向前進，因此他們只能成為普通人，而不是「偉大的特殊人物」。

我們選一個陽光明媚的日子，從商店裏買一個放大鏡以及一些報紙，把放大鏡拿來對著報紙，離報紙有一段距離。如果放大鏡不斷地移動，永遠也無法點燃報紙。然而，放大鏡不動，你把焦點對準報紙，就能利用太陽的威力，使報紙燃燒起來。

這個實驗告訴我們：不管你具有多少能力、才華或能耐，如果你無法管理它，將它聚集在特定的目標上，並且一直保持在那裏，那也將無法發掘你的內在潛能，你將無法取得成就。

凡是偉大的人物，從來都不承認生活是不可改造的。他會對他當時的環境不滿意，但這種不滿意不但不會使他抱怨和不快樂，反而激發了他闖出一番事業來的熱情，而其所作的努力必將得出了結果。

重要的不在於你做的是什麼事，而在於你應當做什麼事。最大的錯處便是不做一點事——躲藏在困難的後面。為困難所阻容易造成人的一種自卑感，對於什麼事情都不敢下手去做。那麼，什麼時候一個人應當自認無用，什麼時候又應當去和困難搏鬥呢？

動力從目標中來

有一位著名的企業家講述了一個關於一位廚具推銷員的故事：

幾年前在南卡羅萊那州的哥倫比亞地區，有一位年輕的廚具推銷員坐在我的辦公室裏，當時正值十二月初，我們正談到一年度的計畫。我問他：「你下一年準備銷售出多少？」他露齒一笑說：「我保證一件事情，明年我將賣得比今年多。」這時我說：「那麼好，你今年賣出多少了？」他再次微笑說：「喔，我真的不知道。」真有趣，難道不是嗎？但也很可悲。這裏有一位年輕人，他並不知道自己目前在哪裏，甚至於他曾經到過哪裏也沒有印象，卻一成不變地認為他知道將往何處去。

我用一個問題向這位年輕的推銷員挑戰：「你是不是想在廚具生意這一行中贏得不朽的聲譽？」現在，不朽的聲譽是相當有挑戰性的辭彙，他受到誘惑，並熱心地回答：「要怎樣才能做到呢？」「很容易。」我回答道：「只要打破公司所有時期的紀錄就行了。」這次他的反應卻相當冷淡。他說：「說起來容易，但是沒有人，包括我在內，打破過那項紀錄。」我很好奇，所以就問他：「沒有人打破那項紀錄指的是什麼？」他加強語氣告訴我紀錄不「真實」，因為那位創紀錄的人，是靠他的女婿幫忙推銷的。

這位年輕人「失敗的藉口」就是：「我無法做到，因為紀錄不是真實的。」我重新使他確信紀錄是合理的，並向他挑戰說：「如果一個人創下紀錄，就有另一個人破紀錄。」激勵是成功的靈魂，我在他面前顯示了一些能夠得到的報酬。首先，我使他確信，如果他打破所有的紀錄，公司會把他的相片跟董事長的一齊掛在董事長辦公室。他高興了，然後我告訴他，他的照片會登在全國性的廣告與文章上，而他成為世界性的廚具推銷員，並變得有名，他們會為他製作一個金壺或至少是仿金的壺給他。這使他動心了，但是他對可能售出多少還是心裏沒信心。

我提醒他，可以利用他最好的一週銷售量乘以五十就可能打破紀錄。這時他笑著道：「對你來講那是很容易說的……」我打斷他的話說：「是的，你要做到也很容易，如果你相信你能夠。」他仍然不相信自己能做到，但是他答應我要回去好好地想一想。那是很重要的一點，因為一個心血來潮時設定的，而且是輕易承諾的目標，在遭遇第一次挫折時很容易就會放棄。

十二月二十六日，他從喬治亞州奧古斯塔的家中打電話給我。那一天——耶誕節的電話線一直都被他占著。他興奮地說：「自從本月初我們談話以來，我就開始精確記錄下所做的每一件事。在我敲門時，做電話拜訪時，舉行說明展示或打開樣品箱時，我都知道已經得到多少生意，我知道每週賣出多少，每天賣出多少，以及每小時賣出多少。我將打破那個紀錄。」我在談話中插嘴道：「不，你不是將打破紀錄。你是正在破紀錄。」

我這樣做是因為他沒有用過「如果」兩字。他的決定不是一個「如果」式的決定。許多人終身只做了「如果」式的決定。這不是專為成功而做的決定，而是準備失敗的決定，這位年輕的推銷員所做的不是「如果」式的決定，所以他不會說：「如果我沒有汽車失事的話，我將打破紀錄。」他也不會說：「如果我家中沒有人生病的話，我就會打破紀錄。」他僅僅說出：「我將打破紀錄了。」

以前他一年從未超出過三萬美元的業績，雖然以當時而言，這還並不怎麼壞。然而在下一年，在相同的地區、相當的價格下銷售同樣的產品，他賣出的廚具總值，扣除退回訂單與損失，竟達十二萬多美元，是以前的三倍。

結果，他打破了所有的紀錄。巧合得很，公司也遵照我跟他所討論的方式給他酬勞。他終於得到了名聲與「金壺」。

許多人問我他是否變得更聰明，是的，他是更聰明一些了，因為他現在已擁有十一年的經驗而不是十年。許多人問我他是否比以前更努力工作，不錯，他真的變得更努力。他懂得利用時間，還學到了一分鐘的真正價值。他發現每一個人每小時不會有六十分鐘，每天也沒有二十四小時，甚至每週也沒有七天。每一個人僅有他所使用的那麼多的分鐘、小時與天數。他發現當他活用時間而不僅僅是計算時間時，就能做相當多的生意，並且仍然有更多的時間供他自己以及家庭使用。

如果你是推銷員，你必須知道你每接近多少潛在顧客，才能獲得一次會面；你得會面多少次才能做成一筆生意。把這些計算一下，就能算出需要多少時間才能完成一筆交易，包括開車時間、服務時間、紙上作業時間等等。掌握這些資料以後，你就知道你目前在何處。使用這些資料，你就知道每小時將發生什麼事。你將會立即把目標修正，而且幾乎是相當大幅度的增加，因為這些事實都表示你有信心使你更有動力。

當我們將這個故事分解後，發覺這位年輕人的故事實際上是由於「設定目標」而獲得了達到目標的種種動力和步驟：

一、他確信自己能夠打破紀錄並發現他自己目前在何處。

二、他按照進度、月份與日期，將想要達到的目標寫在紙上。

三、他有特定的目標（十二萬美元）。

四、他有偉大而能達到的目標，以便創造刺激與挑戰。

五、他設定一年的長期目標，所以他不會被每天的挫折擊倒。

六、他把他和目標之間的阻礙列出，並且擬定計劃來排除阻礙。
七、他把大目標分成每天的小目標。
八、他在心理上訓練自己並採取必要的步驟以達到目標。
九、他絕對相信能夠達到目標。
十、在年度開始以前，他就預見自己實現了目標。

跟其他人分享你的目標時應當小心。如果你有自信，而且需要其他人幫助你實現一切時，那就這樣去做吧。然而，在分享目標時採用有彈性的做法比較聰明。如果你的同事或家人分享你的樂觀，並堅定你達到目標的信心，那就很有幫助。如果你跟一個掃興的人分享你的夢想，他會嘲笑你的創意並輕視你的努力，這樣是十分有害的。

也許這個例子並不一定適合每個人的情況，但是其中的原理將能適用於你，而且有一些其他的觀念，對你也很有幫助。

內斯夫曾經是一位高爾夫球手，經常打出九十幾杆的成績。越戰期間，他應徵入伍，並成了越南人的俘虜，一關就是七年。在這七年時間裏，他沒有摸過高爾夫球，而他的身體狀況也在惡化之中。令人驚異的是，當他再回到比賽場時，又打出了漂亮的九十四杆的成績。

內斯夫的故事同樣說明：如果我們期望達成目標，就必須首先看到目標完成。在這七年的日子裏，內斯夫一直與世隔絕，見不到任何人，沒有人跟他談話，更無法做正常的體育活動。開始的幾個月他幾乎什麼事情也沒做，後來，他覺得如果要保持頭腦清醒並活下去，就得採取一些特別、積極的步驟才行。最後，他選擇了他心愛的高爾夫課程，開始在他的牢房中玩起高爾夫球來了。在他自己心裏，他每天都要玩整整十八個洞。他以極精細的手法玩高爾夫球。他「看見」自己穿上高爾夫球衣走上第一個高爾夫球座，心裏想像著當天的氣候狀況；他「見到」球座盒子的精確大小、青草、樹木，甚至還有鳥；他很清楚地「見到」他的手緊握高爾夫球的精確方式；他很小心地使自己的左手臂維持平直；他叮囑自己眼睛要好好看著球；他命令自己小心，在打推杆時要慢而且輕輕地打，同時記住眼睛盯在球上；他教導自己在擊打時要圓滑地向下揮杆，並且順利地擊出；然後他想像著高爾夫球在空中飛過，落在修整過的草地中央，滾動著，直到它停在他所選定的精確位置。

他在自己心中打球，所花的時間就跟他在高爾夫球場上打球一樣長，而且對剛擊出的球仔細觀察。換言之，他決定成為一個「有意義的特殊人物」，而不是做一個「徘徊的大多數人。」

就這樣每週七天整整持續了七年，他都在心裏玩那完美的高爾夫球。從來沒有一次漏打了球，也從來沒有一次球不進洞，這真是完美的打法，這位囚犯每天用整整四小時的時間來打心裏的高爾夫球，結果頭腦一直很清醒。

這個故事說明了我們希望你瞭解的要點：如果你想要達到目標，在達到之前，心中就要「看見目標完成」。

如果你想獲得加薪，在公司獲得較大的機會、較好的職位、你夢想中的房屋等，那麼我鼓勵你仔細地重讀這個故事。每天花幾分鐘遵守精確的步驟，這樣你嚮往的那一天終會到來。那時候，你將由「看到目標完成」，而「達到想要的目標。」相反的，如果你給自己設定障礙，總覺得目標是不可實現的，那麼，事實上你將正是如此。

曾經有人做過訓練跳蚤的實驗。當你訓練跳蚤時，把它們放在廣口瓶中，用透明的蓋子蓋上，這時跳蚤會跳起來，撞到蓋子，而且是一再地撞到蓋子。當你注意觀察它們的時候，你會發現一些有趣的事情：跳蚤會繼續跳，但是不再跳到足以撞到蓋子的高度；當你拿掉蓋子，雖然跳蚤繼續在跳，但不會跳出廣口瓶以外。理由很簡單，它們已經調節自己跳的高度，一旦確定，便不再改變。

人也一樣，不少人準備寫一本書，爬一座山，打破一項紀錄或做出一項貢獻。開始時，他的夢想與野心毫無限制，但是在生活的道路上，並非一切都那麼隨心所欲，他會經常碰壁。這時候，他的朋友與同事會消極地批評他，結果他就容易受到消極的影響。這也就是為什麼，我建議你要小心選擇跟你分享目標的人的原因。有趣的是，你也可能受世界上最積極的人的「消極影響」。

例如，當路易絲是世界重量級選手時，他一再用「消極的影響」去嚇唬他的競爭對手。他們往往還未上場，就驚駭得全身麻木，以至很容易成為路易絲的手下敗將。當約翰・烏登先生派加州大學的巨熊隊員進入籃球場時，他們的對手常常受到「消極的影響」，以至在正式開賽以前新聞界就傳出了一面倒的消息，許多報紙的消息早已擬好，就等著把比賽分數往上填，這可能就是加州大學籃球隊，在十二年中贏得十次全國錦標賽的原因之一。

這就是教練員為什麼一再教一個運動員，要打自己的仗或玩他自己的遊戲，不可讓對手強迫他去玩對手的遊戲。

容易受「消極影響」的人，會從「命運的預言家」那裏聽到一些消極的「預言」，後者只會給前者失敗的藉口而不是成功的方法。那位熱心的廚具推銷員卻不是這樣。他自己不但不容易受「消極影響」，還擺脫了「失敗者的藉口」，同時已經設定了一個偉大的目標。他的長期目標就是：打破紀錄，並成為世界上最好的廚具推銷員。他有每天的目標：每一個工作日都要賣出三五〇美元的產品。這樣便得到一個結果：一年內業績增加三倍。他又應用這些「達到目標」、跳蚤訓練原理，成為美國的演說家與銷售訓練員之一。他現在還在各地的研討會上教授其他人如何達到他們的目標。

還有一個最顯著的例子就是羅格·本尼斯特：

多少年來，新聞媒體長篇大論地推測四分鐘跑完一英里的可能性，而一般的意見則認為四分鐘跑完一英里是超過人類體能的。結果，運動員受到「消極的影響」，而無法跑出四分鐘一英里的成績。

羅格·本尼斯特不想受「消極影響」，所以他跑了第一個四分鐘一英里。然後全世界的運動員便開始跑四分鐘一英里。澳大利亞的約翰·蘭狄在本尼斯特突破障礙後不到六周，也跑了一次四分鐘一英里的成績。到目前為止，已有五〇〇位以上的選手在四分鐘內跑完一英里，其中還包括一位三十七歲的運動員。一九七三年七月在路易絲安那州巴頓羅格地區，舉行的全美田徑賽中，有八位運動員同時在四分鐘之內跑完一英里。四分鐘的障礙被突破了，但是那不是因為人類的體能發生了變代，其實障礙本身是心理上的障礙，而不是身體上的限制。

讓我們看看巴比倫成功學院給推銷員的忠告：「如果你以前從未設定目標的話，我建議你由一種短期的目標開始。」

首先選擇你業績最好的一個月，再加上百分之幾的業績作為第一個月的目標。在這個月裏選擇業績最好的一天，把它記下來，並保存資料。在最好的一天裏，寫下你要打破的一個月目標和每天需要達到的平均目標。你的平均日的數字會比最好的一天的數字小得多，所以要有信心去達到這個月的目標，達到每月目標以後，可以把該目標乘以三，再加一〇%作為季目標。這次保存最好一週的紀錄，然後把季目標除以十三，所得的數字即為每週的平均目標，亦即每週能達到這個數字，就能打破季目標。實際上，你的每週平均值低於你最好一週的數字，但是只要維持平均值，你就能達到目標。

達到季目標時，你就把季的目標，結果乘上四，再加上一〇%作為年目標。這一〇%的步驟跟以前相同，取出最好的一個月，大膽地寫在一張卡片上，然後求出達到年目標每月需要做到的平均值。每月的平均值終究遠低於最佳一個月的數字，所以你應該很有信心做完這項工作。

注意：要把目標適當地寫在一張或多張卡片上。你要把它寫得清清楚楚，以便於你閱讀每一行中的每一個字，將這些卡片保護好並隨時把這些目標帶在身邊，每天都要復習這目標。

當火車在靜止不動時，往它的八個驅動輪前面放一塊小小的木頭，就使它永遠停在鐵軌上。而同樣的火車在以每小時一百公里的速度前進時，卻能洞穿五英尺厚的鋼筋混凝土牆壁。

請現在就開始去取得行動的勇氣，衝破介於你跟目標之間的種種阻礙與難關吧！

我們重視最終的成績，因此對於只求暫時效果的方法素來不敢苟同。把眼光放遠，展望未來才是重要的。

附錄一：好習慣是一種力量

良好習慣造就美好人生

人生是一次充滿了歡樂和艱辛的旅程，在這短暫而又漫長的旅途中，每個人的目標有不同，可是每個人都想得到幸福，嚮往成功，想在自己走出的路上留下值得讓後人紀念的東西。正是這種深藏於心底的渴求，形成了不竭的動力源泉，鼓舞著芸芸眾生挑戰未來，珍惜生命。

要想達到成功的頂點，你可以試著每天在人生的道路上擺上一兩塊石頭，當你回首時，你會發現自己走出的人生道路儘管崎嶇不平，但它卻像一道美麗的曲線劃分著時空。

一個良好的習慣是你一生中最寶貴的財富。一種品格決定一種命運。

多一個好習慣，就多一份自信；多一個好習慣，就多一份成功的機會；多一個好習慣，就多一份享受生活的能力。

習慣是一個人經過長時間做某一件事，而形成的一種不自覺的或者自發的行動。每天要洗手、刷牙、洗臉，這些最平常的事到底給了我們什麼呢？它給了我們生活中最重要的東西——秩序。

有良好習慣的人辦事有條理，不會手忙腳亂，這實際上就節省了時間。節省了時間也就延長了生命，你就可以利用有限的人生看更多的風景，做更多的事情，想更多的問題，享受更多的快樂。你就可以開拓一個美麗的新世界。

政治家的思考要有秩序，否則國家管理會出現混亂；軍事家的指揮要有章法，否則軍隊就像是一盤散沙、是烏合之眾；教師的思考要有秩序，否則學生便不知所云；律師的思考要有秩序，否則就會弄錯案情，不能伸張正義。一個人思維的品質是由良好的學習習慣造成的，一個人的辦事條理是由良好的生活習慣造成的，一個人品格的好壞也是由它的習慣所決定的。要想擁有美好人生，就要有良好的習慣。

好習慣是力量的源泉

一位著名的大學教授多才多藝，退休後想把自己的小提琴演奏奉獻給社會，當人問他為什麼能把曲子拉得如此流暢時，他說：「我是這樣來練習的：每當練習曲子之前，必定先瞭解曲目是由幾小節構成的。

比如：準備練習三十小節，一天練習一小節，一個月即可練習完畢。不過，我並非從頭到尾依次練習，而是從最簡單的一小節開始。第二天，再從所剩的二十九小節中挑選最簡單的練習，而用這種方法練完整首曲子，不但輕鬆自如，而且還在練完之後，找到了各個小節之間的呼應關係，從整體上理解了這首曲子的境界。」

從心理學的角度看，他的練習方法是相當合理的，因為人有惰性，往往會找藉口逃避工作，加上碰上困難的工作，更不敢面對現實。這位教授的方法正可滿足了人的成就感，克服了惰性給人增添了信心，每完成一小節，就增加一份信心，這可以說是巧妙的解決方法。

「天下大事必成於細，天下難事必成於易」。從最簡單的做起，給了你成就感、自信心。同時也會使你的工作、學習的熱情逐漸高漲，注意力更加集中，能夠取得好的成績。不管是在工作中，還是在學習中，最重要的是一定要有熱情，而且要能專心致志。

大千世界，有天才，有凡人，兩者之間的區別在哪裏？天才懷有對未知領域宗教般的熱情，和對自己從事的研究全身心的投入。從最簡單的做起就是培養天才的最有效的途徑。你想成為天才嗎？從最簡單的做起，培養這個良好的習慣，它會成為你力量的源泉。

好習慣是生活旅程的燈塔

在現代生活中，什麼都在變，明天的世界和今天不一樣，我們不得不每天面對生活對我們的挑戰，你也許會因為整日的奔波心力憔悴。那我們就永遠只有一個新而不美的世界嗎？不，我們要用良好的習慣來迎接生活給我們的壓力和變化，在現代生活的大潮中，穩穩地駕駛生活的方舟。

習慣是生活中相對穩定的部分，每天我們要讀書、跑步、聽音樂、打球，這些都會是在某個相對固定的時間來做的。其他的時間所做的事可能每天都有不同。當你忙碌了一天後，想起自己的書本和球拍，心中猶如點燃了一盞明燈，儘管很累，但它們能讓你擺脫日常生活的喧囂，尋找到片刻寧靜，猶如一艘遠航的船可以停泊靠岸，過一種別有情調的生活。

習慣是從環境中成長出來的——以相同的方式，一而再，再而三地從事相同的事情。當習慣養成之後，它就像在模型中硬化了的水泥塊——很難打破了。

習慣是一位殘酷的暴君，統治及強迫人們遵從它的意願、欲望、愛好，抵制新的思想和事物，人類的歷史就是在和習慣和偏見的鬥爭中展開的。

習慣是一條「心靈路徑」，我們的行動已經在這條路上旅行多時，每經過它一次，就會使這條路徑更深一點。

如果你曾經走過田野或經過森林，你一定會很自然地選擇一條最乾淨的小徑，而不會去走一條荒蕪小徑，更不會橫越田野，或從林中直接穿過，自己走出一條新路來。心靈行動的路線則是完全不同的，它會選擇阻力最小的路線。

要改掉舊習慣，最好的方法是培養新習慣開闢新的心靈道路，並在上面走動以及旅行，時候一久，舊道路將因長期未使用而被荒草淹沒。每一次你走過良好的心理習慣的道路，都會使這條道路變得更深更寬，也會使它在以後更容易走。這種心靈的修築工作，是十分重要的。

培養良好習慣的五項原則

下面是五項幫助你建立良好習慣的基本原則。

第一、在培養一個新習慣之初，把力量和熱忱注入你的感情之中。對於你所想的，要有深刻的感受。萬事起頭難，當你開始建造新的心靈道路時，最初幾步是至關重要的。一開始，就要盡可能地，使這條道路既乾淨又寬敞，下一次你想要尋找並走上這條路徑時，就可以很輕易地找到這條道路來。

第二、把你的注意力集中在新建道路的修建工作上，使你的意識不再去注意舊的道路，以免使你又走上舊的道路。不要再去想舊路上的事情，把它們全部忘掉。

第三、可能的話，要儘量在你新建的道路上行走，你要自己製造機會走上這條新路，不要等機會自動在你眼前出現。你在新路上走的次數越多，它們就能越快被踏平，更有利於行走。一開始，你就要制訂一個計畫，準備走上新的習慣道路。

第四、拒絕舊路的誘惑。舊的道路比較好走，人是天生有懶性的。你每抵抗一次這種誘惑，就會變得更堅強，下一次你就更容易抗拒這種誘惑。相反的，你如果向這種誘惑屈服一次，你下次就會更容易屈服。要拒絕誘惑，你必須在一開始就證明你的決心、毅力和意志力。

第五、確信你已找出正確的途徑，把它作為明確的目標，毫不畏懼地前進，不要猶豫不決。快著手進行你的工作，不要往回看。

習慣與自我暗示之間存在著很密切的關係。根據習慣而一再以相同的態度重複進行的一項行為，到最後，我們將會自動地或不知不覺地進行這項行為。一個鋼琴演奏家可以一面彈他熟悉的曲子，一面想他腦中的事，就如同你用母語一邊和別人談話，一邊清掃地上的灰塵一樣。

「自我暗示」是我們用來挖掘心理道路的工具。「專心」是握住這個工具的手，而「習慣」則是這條心理道路的路線圖。在把某種想法和欲望，轉變成為行動或事實之前，必須忠實而固執地將其保存在意識之中，一直等到習慣將它變成永久性的形式為止。

首先要有一個明確可行的構想，也就是一個目標；其次，用任何可行的方式，諸如智慧、金錢、物質等方法來達到目標；第三，調整所用的一切方法，以取得成功。

附錄二：磨礪性格與習慣養成

性格就是命運？！

人類習慣的養成，離不開性格的塑造，習慣是人的穩定性格的外在表現。對性格培養的內在機制的瞭解，有助於我們養成良好的習慣，走上成功的人生之路。

性格與命運有什麼關係？有人說這兩者本無關係，命運即命運，性格即性格，兩者並行穿流整個人生，誰也搭不上誰；有人說性格是一個緊張有力的舵手，始終攥緊命運的方向盤，主宰人的命運與前途；有人說，性格就是命運，一個人的性格決定了他待人處事的方式，自然也影響了他的一生。

如此種種說法，要想作出正確的判斷，須得從性格是什麼說起。

性格的內涵

性格，對人格心理學而言，是指個人在對現實的態度和行為方式中，表現出來的穩定的個性心理特徵。性格反映了個人整體大致的心理面貌，具有相對穩定性、獨特性，因而使個人與個人相互區別而易於辨識。也就是在這一層意義上，人們喜歡評論，這一個人的性格是什麼樣的，那一個人性格又怎麼樣，它成了人們在社會生活中常使用的詞語。

生活在社會現實生活中的每一個人，都意識到社會現實給予他的影響，在經過一系列的輸入環節傳遞之後，個體的人必然對此影響作出回應。如果這種影響——應答機制獲得成功，它就會被客觀現實的影響得到肯定式的強化，因而得以保留；反之，這種機制失敗，它本身也就否定掉了。長此以往，積極的影響——回應不斷得到肯定，它就會較為固定地滲透、保留在人的認識、情感、意志過程等心理反應之中，形成個人的態度體系，進而調整個人的行為方式。當其中的某些反應鞏固起來，並且經常在個體的行為方式中突現出來，這就標誌著性格特徵已經形成，也就是人們經常評論的，某某人性格怎麼樣……。

性格是某些心理特徵在一個人身上有機結合的整體，它展現出了個人的獨特風貌。比如一個多疑猜忌的人，往往會對所有事情作出類似的性格型判斷。「他能否相信我」，他會惴惴不安，在對方一絲不太經意的眼光掠過之後而焦慮；「這人是不是很多疑，很猜忌人呢？」他會在他的一次成功宴會上，對一個稍不如意的朋友這樣判斷；對於自己，他也在不停地反思，總在發現一些本來並不存在的問題。此類行為的總體特徵就是多疑。而另外一些熱情、開朗、待人接物真誠的人，卻總不會相信對方能夠騙自己，會像某人所說的那樣壞、那樣狠，即使是在一次次受騙上當之後，他也只會委屈地睜大一雙天真的眼睛，不願相信也不敢相信的疑問：「難道真會是他做的嗎？」此類行為的總體特徵就是單純。

性格是貫穿在一個人的整個行為之中，具有傾向性的穩定的心理特徵。個人的性格一經形成往往即具有相對穩定性，長期影響個人的行為方式，除非有另外的特殊影響——回應機制刺激，它才能被改變成別的類型。性格的基本構成往往是不變的，它形成了人的心理特徵之中的核心。

性格類型

性格類型劃分，根據不同角度，不同層次而有所不同。從心理活動傾向上分，可以分為外傾型和內傾型兩大類：

外傾型表現為：適應力強，對人對事能很快熟悉；表情豐富，情感外露，易激發情緒；善於與人交往，不太注意客觀環境的反應，喜歡自由，缺乏謙虛態度；反應敏捷，動作迅速；好動但不太多思考，做事不太精細。

內傾型表現為：不易適應環境；不輕易相信別人，不善與人交往；願獨處，喜歡安靜；反應敏銳，往往心胸狹窄，不寬容人，多思慮，好疑心；冷靜，辦事穩妥。

十九世紀英國心理學家Ａ・培因和法國心理學家Ｔ・查德把人的性格分為理智型、情緒型和意志型三類：

一、理智型：一般是用理智的尺度來衡量一切，並支配行動。

二、情緒型：表現為舉止行動易受情緒激發和情緒體驗影響，情緒體驗深刻。

三、意志型：行為目標一般比較明確，行動積極主動，自制力較強。

美國心理學家Ｔ・Ｌ・霍蘭德根據人格特徵與職業選擇的關係，把人的性格劃分為六個類型：

一、現實型：重物質與實際利益，不重社交；遵守規則，喜安定，缺乏洞察力；希望有明確要求，能按一定程序講究操作的職業。

二、研究型：好奇心強，重分析，處事慎重；願從事有觀察，有科學分析的創造性工作。

三、藝術型：想像力豐富，有理想，好獨創；喜歡從事無序而自由的活動。

四、社會型：樂於助人，善社交，重友誼，責任感強；願從事教育、醫療等方面的工作。

五、企業型：有冒險精神，自信而精力旺盛，喜歡支配別人，遇事有主見；願從事組織、領導的工作。

六、常規型：易順從，能自我抑制、想像力差，喜歡有秩序的環境；對重複性的、習慣性的工作感興趣，如出納員、倉庫管理員等。

性格類型還有其他一些劃分，如依從型和獨立型、目的方向型和意志特徵型等等。類似的劃分並不是讓每一種性格有確定的歸屬，只能大致地描述性格狀態，事實上，許多種性格彼此之間的界限是很模糊的。

性格的形成

一、身體狀況的影響

天生有缺陷的兒童，性格上往往有其先天的獨特性。如一個盲童，在幼年與同伴的嬉戲玩耍中，往往較常被拒斥，或在群體之中充當被嘲笑戲弄的對象。自然而然，被群體的拒斥和作弄，會內化為這個孩子成長中的性格，他會主動地離開群體並對之心懷怨恨，他的性格也就會趨於內向、孤僻、憤懣……

性格的形成並不直接受制於身體本身，但它確實有這方面的因素在。人們經常可注意到，一些相貌比較好的女孩子，往往對外部世界較為感興趣，她們樂於與同齡的伙伴一起參加活動，並且在其中極力突出自己、表現自己，她們快樂地用各種的言語，甚至用自己的行為來與人們交流。大多數時候，漂亮的女孩子更容易對自己和別人形成肯定的態度，更容易用較為積極的眼光看待一切。根據調查顯示，相貌較差的女孩子，在這些方面與相貌較好的女孩子是剛好相反。

一些研究指出，符合社會上所認同的體格標準的人，比體型不太理想的人受到社會更多的贊許，能更好地順應社會，人格和情緒上的問題也較少。

身體狀況對性格形成的影響，在於它為性格形成提供了自然客觀的因素。任何一個人性格的發展，都離不開這個客觀因素，但又可以超越它。一個先天殘障的人在醫療條件並不允許的情況下，他無法修正這一缺陷，因而這一缺陷必然會對其性格產生影響，但是，正如海倫、保爾以及殘障人運動會上，運動員們精彩的表演所顯示的一樣，先天的殘障並不僅僅是性格走向否定的因素，同時也是個人不斷克服障礙，逐步提升的先天動力。

二、家庭的影響

一個人性格的形成，起始於個體生命的形成，以母親為中心的各種刺激，對嬰幼兒個性發展影響極為重大。研究證明，母親和嬰幼兒之間積極交往會促進兒童性格朝積極的方向發展，這種交往包括語言交流，情感交流，資訊的回饋等等。在嬰兒與母親之間並沒有語言的交流，但往往可以觀察到，母親經常用一些親暱的詞語表達自己的想法，表現對孩子的愛護，她們常常看上去是在對著嬰幼兒自言自語；孩子的回應往往是一些誰都無法解譯的咿咿呀呀的聲音。

這些聲音對旁人幾乎是無法理解的，但在嬰兒與母親之間卻是一種親密的語言交流。母親與嬰幼兒乃至兒童的親昵行為，也可以較多地影響他們將來的性格。有一些孩子，由於較少受到母親的愛撫，他們的性格發展受了不良影響，智力和言語的發展都較遲緩，情緒淡薄，乖僻等。諸如「老子英雄兒好漢」、「將門虎子」等形容詞，強調了家庭對孩子性格的影響。

在報紙和雜誌上，我們也經常看到一些關於單親家庭的報導。單親家庭往往是指父母離異，孩子由某一方撫養，或者是母親未婚先育、早育等等情況。從提供的調查情況來看，這些家庭中孩子的性格也多較有障礙，不易融入社會。

在現今的社會中，大多數是獨生子女家庭。許多父母因為幼年時不夠幸福，所以都希望把自己過去沒有得到的幸福加倍地給予子女，讓他們不要再受自己昔日所受過的苦，於是大多數父母對自己的孩子呵護備至，對他們的要求從不加拒絕，進而形成一個個「小皇帝」、「小太陽」。可以想像，當這批人獨立走向社會，面臨各種壓力的時候，他們會因失去被關注的焦點而煩躁不安，倍感孤單，怎麼還能想讓他們去做大事呢？

性格的形成是有連續性的，兒童初期獲得的影響，往往深深地影響今後性格的發展。兒童出生以後很長一段時期都將在家庭裏渡過，父母的一言一行，一顰一笑，無不在嬰幼兒心理上留下烙印。父母、親人的呵護與他們的生活方式、習慣以及整個家庭的氣氛，將會對兒童性格發展留下積極或消極的深遠影響。

三、教育狀況的影響

一個人的成長離不開受教育，從「零歲教育」到「成長教育」，都是針對兒童在未離開父母之前，應該都由父母先執行家庭教育，這一情況視為制訂的可行性教育。

走出父母的懷抱，孩子們背上書包走進校門。學校是透過多種活動有目的的向學生施加影響的場所，學生在學校裏不僅要學習一定的科學、文化知識，也接受一定的思想、觀點，而且在和師友的交往之中豐富了人生經驗，塑造成性格。學校生活中強調互幫互助，強調自己的事情自己做，強調堅毅勇敢，諸如此類，可以說，學校教育在大部分學生的性格形成中具有決定性意義。

四、社會文化的影響

任何一個民族的心理都由其文化所決定，而民族的文化往往是具有其特殊性的，因而形成民族心理的不同。

民族的文化本來是由該民族共同體一起創造的，但這種能夠積澱繼承，表現為現存的文化又將反過來塑造民族性格。大體而言，亞洲與歐洲不同，東方與西方不同等等。

影響性格形成的因素是多樣的，但各個因素不是孤立地產生作用，而是相互聯繫在一起產生作用。為了探討這一問題，有人把這些因素歸納為三種：主觀因素（人），環境因素（包括家庭、學校、社會文化生活），行為因素。他們認為在性格形成和發展過程中，人的身心各種要素與環境，形成一個無法解開的、交織在一起的一種結構，而產生決定性的作用。

性格決定命運！

不同的性格，決定了人生旅途中的不同抉擇，也決定了人們在事業途中能夠邁出的步伐。讓我們看看下面幾例：

一、堅強而孤傲的拿破崙

拿破崙是法國的政治家和軍事家。他出生在法國科西嘉島上。那裏地處偏遠，與大陸隔絕，生存條件艱苦，使島上的居民養成了堅強獨立的性格。島上的人，家族觀念極其強烈，拿破崙一生深受此影響。據歷史學家考證，科西嘉人本性愛好猜忌和耍政治陰謀，在拿破崙未來的行動之中也確實顯出這一特性。

拿破崙的性格特點主要有：堅強而孤傲，自信心強，愛好猜疑和耍政治陰謀，應變力強，不怕困難。拿破崙有一位性格堅強的母親，她始終是拿破崙的精神支持者。拿破崙的身材矮小，在學校因一口科西嘉鄉音，遭到別人嘲笑，他未曾自卑，卻形成了堅強、孤傲的性格。

拿破崙一生成敗均與自己的性格緊密相連，從一個普通士兵做起，拿破崙就具有非凡的氣質，能征善戰，堅貞頑強。當法國革命大潮湧動，國內極度混亂之際，拿破崙冒著生命危險從前線返回國內，很快就發動了政變，登上統治者的寶座。拿破崙竭力強化中央集權，頒佈《拿破崙法典》，鎮壓反革命保皇黨復辟勢力。對外不斷戰爭，多次粉碎反法同盟，取得了很大的成就。但他每征服一塊土地，就分封自己的親族為王，因而引起了人民的反抗。拿破崙又極度剛愎自用，不聽別人的意見，甚至說「不用能人只用庸人」。結果是一八一三年萊比錫戰役和一八一五年滑鐵盧戰役的慘敗，最後流亡聖赫勒拿島。

二、孤獨而又叛逆的愛因斯坦

阿爾伯特·愛因斯坦出生於德國烏爾姆的一個猶太人家中，父親開了一家小工廠，性格開朗，喜歡說說笑笑，母親的文化修養較好，愛好文學、音樂。愛因斯坦小時候並未顯現出異常的天才，只是非常誠實，伙伴們經常嘲笑他。也許是由於周圍人們的冷眼和嘲諷，使愛因斯坦養成了沈默、孤獨的性格。他小時候對語言反應遲鈍，說話困難，說每句話都很吃力，進而也培養了他凡事深思的習慣與性格。

愛因斯坦少年時候有兩件事引起了人們的注意。一次，工藝課老師做了一個小凳子，愛因斯坦回家後自己做了一個，發現不好，又做了第二個，仍然不好，他接著又做了第三個。另一件事是在他五歲時，父親給他買了一個指南針，他非常著迷，他非常想弄清楚是什麼原因，總使那個小針指著同一個方向。他問了許多人，雖然最終什麼答案也沒有，但他仍是苦苦的思索。

愛因斯坦是一個性格奇特的科學家。他在二十一歲時發表了《相對論》，令世人大吃一驚。他性格堅強，富於創造，他的科學研究幾乎都是在獨自的思考狀態下進行的，而不是在研究所、實驗室與名師的指導之下。愛因斯坦的孤獨，使他獲得了心境的平靜與歡樂，使他排除了一切傳統和陳俗習慣的影響，因而能開拓嶄新的領域。他敢於懷疑一切權威，敢於突破常規。他為人誠實，熱愛生活，對金錢和名譽看得很輕。他寂寞而又堅定地走完了一條屬於自己的路。

拿破崙、愛因斯坦，還有許多其他的著名人物，由於性格的不同，他們在人生旅途的各個領域走出了不同的道路，也給予了我們關於性格與命運的不同思考。

性格的特徵

性格是一個人對現實的較為穩定的態度和默化了的、習慣化了的行為模式，故我們在瞭解性格的特徵時，應透過這些外在化了的東西，來進行自己的行為模式。

在對待外界事物人們表現出性格上的差異。有的人易受外界事物的影響，易受別人暗示作用的牽引，他們往往對大眾性、流行性的事物較為感興趣。有的人則不太受外界事物影響，他們堅持自己的特色，能夠相信自己的獨立判斷，毫不動搖。

性格差異還表現在情緒反應上。有的人情緒反應十分強烈，遇到喜事大嚷大叫，難以控制；遇到突然的打擊（如親人亡故）便不知所措甚至暈倒。而有的人情緒的反應比較平靜，能夠心平氣和地對待生活中各種猝不及防的事件。

性格差異也表現在意志活動方面。在現實生活中，一些人在從事活動的過程中獨立性強，有毅力、有恆心，即使經歷苦難也能一步一個腳印地到達目標；有的人長期依賴別人，凡事不作主張，沒有決心，怕吃苦，往往做事半途而廢，不及開始已經告終……這種在意志上的差異，可以深刻地影響到個人的日常生活，以及今後的發展方向。

性格在各個方面的表現是互相關聯的，具有一定的一致性，「管中窺豹，可見一斑」，我們通常可透過對一個人、某一方面的瞭解，來推知其他方面的特徵。在判斷他人的性格時，我們應該充分考慮性格的多重性，一個體格魁梧、身形剽悍的人即使行事粗率、魯莽，但他也有溫柔細膩的一面；而一個貌似纖弱、毫不起眼的人可能就是一個意志堅定者。對待不同的人有時也會表現出不同的性格特徵，比如對待朋友和親人要像夏天一般火熱，對待敵人倒往往是冬天般的寒冷，對象不同，表現出來的特性自然也不同。

培養最能讓人成功的性格

俗話說：「龍生九子，各子有別。」其實人的性格更是千姿百態的。有的人沉靜；有的人熱烈；有的人喜歡饒舌；有的人沈默寡言；有的人剛強勇敢，歷盡艱難而不屈不撓；有的人則軟弱懦怯，一遇挫折便灰心喪氣；有的人脾氣暴躁，點火就著，隨時可能和人吵架；有的人卻慢條斯理，火燒眉毛也不著急。諸如此類的差異，都是人們不同的性格表現。

心理學家認為，性格是人的個性中的一個重要組成部分，它的好壞優劣直接關係到每個人的生活、事業、家庭和健康的品質，尤其是在現代這樣迅速、開放、多變的時代潮流中，擁有堅韌、開朗、豁達等等受人歡迎的性格，無疑會給你的成功之旅助一臂之力。

江山易改，本性可移

有部風靡世界的印度著名影片《流浪者》，講述了這樣一個曲折而令人深思的故事：

法官拉貢納特一直抱有這樣一個荒謬的觀點：「好人的兒子，一定是好人；賊的兒子一定是賊。」在這一根深蒂固的影響下，他便不問青紅皂白，錯誤地把無辜的強盜的兒子紮卡關入監獄。

紮卡越獄後一心復仇，便搶走了法官已懷孕的妻子，把她在山上關押了幾天後，又清白地把她放了。疑心很重的拉貢納特堅認自己的妻子已受到了侮辱，便不顧妻子的哀求和未出生的兒子，狠心地把她從家裏趕了出來。

流浪者拉茲——法官的兒子——就這樣和貧苦無依的母親住在貧民窟裏，因紮卡的逼迫和生活所需，不自願地走上了偷盜的邪路，後在其女友麗莎真摯熱烈的愛情感化下，慢慢地走上了正途。

但其父仍抱著「賊的兒子一定是賊」的永不可變的觀點，仍要判其入獄，因其母和麗莎的有力證明，才使法官最終明白了，這個做賊的人原來是自己的親生兒子。證據確鑿，法官拉貢納特頓時目瞪口呆，因為他頭腦中「江山易改、本性難移」的支柱坍塌了，他才覺得自己應該用一種新的眼光觀看世界。

「江山易改、本性難移」是一句婦孺皆知的俗語，它是指人的某種思想、習慣、性格一旦形成，便日積月累很難更改。它道出了人性中的某些穩定、持久的因素，多用於指不好的方面。但關鍵點是應該明白：「難移」並不等於一定不變、永遠不可移。只要你堅定意志、下定決心去改變它的時候，你一定會成功。

一位心理學家給我們講了這樣一個故事：

一天，一位母親沮喪灰心地帶著她的女兒——一位十四歲的小女孩來到他的診所，那女孩的頭髮蓬亂、眼光無神、衣服也穿得邋塌，背後的粉紅色書包已變成了黑褐色。

醫生還沒開口，小女孩的母親在旁邊便嘮嘮叨叨起來，說她的女兒沈默乖僻、撒謊骯髒、又愚又笨、成績差得出奇，老師和同學們誰都不喜歡她，自己也不知道該拿這樣的小孩怎麼辦才好？

醫生仔細觀察一番後，支開了小女孩的母親，和藹地對小女孩說道：「小朋友，你沒看出你其實長得很漂亮嗎？如果你有時間的話，今晚你願不願意打扮一下，與我和太太一起去看國家芭蕾舞團的演出呢？」女孩聽了這話，萬分驚異和驚喜。

傍晚，一位穿著綠裙子、打扮得很漂亮的女孩，出現在了醫生的家門口……從此以後，女孩變了，變的又整潔又乖巧，學業成績突飛猛進，她的朋友也越來越多了。

就因為醫生一句鼓勵和知心的話，使一個人「改頭換面」。性格是可變的，只要你辨清優劣，下定決心要改變。

「最佳自己」是培養出來的

沒有誰是天生的聰明人和成功者，「小時了了，大未必佳」的例子不勝枚舉；沒有誰註定一生無所成就，「光溜溜地來，光溜溜地走」，笨鳥慢飛、勤能補拙，以自己後天的汗水和努力取得成功的大有人在。科學研究證明，人的智商都是差不多的，分析一個人成績的大小，不能只看起點，也要看終點，更要看過程。

三種成功性格的養成

成功是誘人的鮮花，誰都願意去採，但路程的漫長和荊棘的障礙，往往使很多人中途卻步。因為社會上成功的人士很少，因此我們容易形成一個錯誤的觀念，以為一定要具有特別的天賦異質，才可以出人頭地，其實這是非常荒謬的。前面我們已經說過「性格即命運」，意思是說，培養了良好的、積極的性格，它會對你一生的成功大有裨益。那什麼是最易成功的性格呢？

各種性格測試題顯示：成功的性格類型多種多樣，但樂觀自信型、勤奮堅毅型、創意智慧型三類，是最易成功的性格。

樂觀自信型

有人問球王比利：「您最得意的進球是哪一個？」比利樂觀自信地說：「下一個！」就是這不滿足於現狀的「下一個」，使球王比利數十年馳騁於球場，踢出了一個比一個更精彩的球，成為享譽中外的「球場王子」。

由此可見，樂觀自信常常能使人樹立更高的信心和目標，去戰勝強大的困難，取得最終的勝利。愛默生說：「自信是成功的第一秘訣。」居里夫人也曾說：「我們要有恆心，要有毅力，更重要的是要有自信心。」

樂觀自信推動了無數自然科學秘密的發現，許多重大的發明都離不開這種執著和勇氣，跌倒了再爬起來，失敗了再來一次，挫折是不屈者必經的道路，成功的腳本要靠你自己去寫。

著名的萊特兄弟初試飛機時，曾經有人譏笑他們是異想天開。但萊特兄弟充滿信心地說道：「即使上天的夢想永遠只是一個夢，我們也要在夢中像鳥兒一樣離開大地，到湛藍的天空中飛翔。」

一次次地試驗，一次次地失敗，萊特兄弟的耐心被考驗到了極點。當又一次看到飛機尚未離開地面就又被撞得粉碎時，萊特兄弟再也忍耐不住了，當著譏諷他們的飛機，是「永遠飛不起的笨鴨」的人流下了眼淚。但當他們互相注視著對方的時候，他們竟又同時說：「兄弟，讓我們擦乾眼淚再來一次，我想我們最終會成功的。」

終於，飛機平穩地離開了地面。儘管只是短短的幾十秒鐘，但從此人類像鳥兒一樣在天空中飛翔的夢想，已經變成了可以觸摸得到的現實。從這一刻起，人類不再徒羨鳥兒的自由。

我們的生活也許並不會一帆風順，我們的事業也不會屢屢成功。現實中，有時成功離我們僅是咫尺之遙，但我們往往看著成功從身邊飛走而懊喪不已。

此時我們所欠缺的僅僅是一種信念和勇氣，缺少的是萊特兄弟那種「即使沒有翅膀，也要到天空中去飛翔」的執著，缺少的是「兄弟，我們再來一次」的樂觀與自信。萊特兄弟給我們的啟示是深刻的，它告訴了我們當遇到困難，遭到挫折時，應像萊特兄弟一樣有「再來一次」的決心。

無獨有偶，兩次榮獲諾貝爾獎的居里夫人，也是在這種樂觀自信的激勵下發現鐳的。那時候，鐳對於人們完全是一個「天外之物」，什麼人也沒有看到過，很多人認為它根本就不存在。居里夫人以自己敏銳的感覺和淵博的學識，確信存在著這樣的一種元素，只是它還沒被發現罷了。

她樂觀地說：「不管它藏在哪裏，我也要把它找出來。」話說容易作事難，從此居里夫人在一間透風漏雨的小破屋裏，日夜不停地做起了繁重而瑣碎的工作，翻拌礦石、攪拌冶鍋、傾倒溶液、測試樣品。她那時正感染了肺結核，又常常沒有吃飯，一天下來，常常累得動彈不得，但她仍堅信這種元素的存在，皇天不負有心人，經過數個月的艱苦努力，居里夫人終於從四百噸鈾瀝青礦石、一千噸化學藥品和八百噸水中，提煉出了微乎其微的一克純鐳。居里夫人以她的樂觀自信的精神，把她的整個一生奉獻給了科學事業，得到了舉世的公認和稱贊。

下面是培養自信的秘訣：

一、為自己的能力劃一道界線

不要認為自己是超人，什麼事都能做，天大的困難也不在話下，這樣你就可能會由於力所不及而屢屢碰壁，由此而喪失信心。你應該為自己的能力劃一道界線，估計一下自己到底有多大的能量，能完成哪些事情，然後再去盡力而為。這樣，做事的成功率就大得多了。

二、把注意力集中在自己的優點上

你的長處是什麼？你的優點有哪些？你要好好思考，對自己有一個深刻的認識。如果你能把注意力集中在自己的優點上，堅持每天有意地做些自己最擅長的事，即使是小事也要堅持不懈。發揮所長，工作自然會有出色的表現。而自己的成績不論大小，都能增強、支撐起你的自信心。

三、自我欣賞與自我激勵

把你曾經妥善完成的工作或驕人的成績，清楚地列出來自我欣賞。這時，你將發覺自己突然勇氣百倍，確信自己的辦事能力勝人一籌。有時，要與欣賞你的朋友保持緊密聯絡，一旦你厭煩或想放棄時，他們的話往往會增加你的信心。

四、在失敗與錯誤中汲取教訓

學習從失敗與錯誤中汲取教訓，可以增加智慧，增加反敗為勝的機會。因此，不管遇到什麼問題，哪怕是面臨失敗，也不要灰心喪氣，你要勇敢地正視它，以積極的態度尋求應變的方法。一旦問題解決，你的自信心將會隨之增加。

五、認定目標，堅持到底

無論你採取什麼樣的自信方式，貴在堅持。對於別人的一些有建設性的批評意見，要虛心接受，好好反省；對於一些惡意的抨擊，你大可不必理會。總之，要認定目標，走你自己的路，你將一定獲得成功。

勤奮堅毅型

貝多芬曾經說過：「涓滴之水終可穿透大石，不是由於它力量強大，而是由於晝夜不停地滴墜。只有勤奮不懈的努力，才能夠獲得那些技巧。」成功是人人夢寐以求的第一件人生大事。成功不是上天預定的，不是某一小部分天才的特權，只要付出，人人都可以成功。

記住愛因斯坦的「天才＝一％的聰明＋九九％的汗水」的公式，它會讓你明白不管你是如何平凡的一個人，只要你勤奮持久地做一件事，那成功一定離你不遠。

在十九世紀的三、四〇年代，每天一到深夜十二點鐘，巴黎貧民區的一間小屋裏便開始忙碌起來。一個三十歲左右的青年，從床上跳起，拉上窗簾，點亮蠟燭，伏在桌上寫作。寫著，寫著，他忽而仰面大笑，忽而淒然落淚。一個小時又一個小時過去了，他還在振筆疾書。他的眼皮已經疲倦得睜不開了，太陽穴劇烈地跳動著，於是，他站起來活動活動麻木的雙手，喝上一杯濃濃的咖啡，又繼續伏在桌上寫作。這個通宵達旦地寫作的青年，就是大名鼎鼎的法國著名作家巴爾扎克。他每天深夜十二點起床寫書，一天寫作十六七個小時，這樣堅持了二十多年，共寫成九十多部小說，合稱為《人間喜劇》。這是世界文學寶庫中的一串璀璨的明珠。

科學有險阻，苦戰能過關。勤和苦往往結伴而行。勤奮的人，一般都是善於吃苦，勇於拼搏的人。世界上著名的科學家、文學家、藝術家，可以說沒有一個不是經過勤奮苦幹而獲得成功的。

下面是培養勤奮的精神的秘訣：

一、樹立遠大的奮鬥目標，有為它持久作戰的信念

做到持久的勤奮，是一件相當不容易的事，首先你得有為遠大目標而奉獻一生的鋼鐵意志。因為遠大的目標是長久勤奮的動力和前提。

二、制訂每段時期具體的計畫

太遙遠的目標不是一兩天可以到達的，而路程的漫長，會使很多沒有耐心的熱血青年輕易放棄。因此，你要為自己制訂一個短期的目標，使你可以盡全力去衝刺且短期可見到效果。那樣，你就堅定了長久努力的信心。

三、和自己競爭，讓自己受苦，鍛鍊自己的意志

「最大的敵人是沒有堅強的意志」。當你的思想裏出現鬆懈、懶惰，甚至想半途而廢時，不妨跟自己較較勁：「我就不放棄，我一定要堅持到底，看看到最後誰贏誰輸。」這種較勁有時是很有效的，它會讓你在最困難的時候堅持下去。

四、愛好廣泛，適當放鬆

培養多種業餘愛好，可以陶冶性情，增添生活樂趣。很多大學者都是多種才能集於一身，愛因斯坦小提琴拉得很好；傑弗遜不僅是個探險家、發明家，還是美國《獨立宣言》的起草者。我們不用和這些偉人相比，你可以在勞累之餘，去爬爬山，進行游泳、球類、象棋等運動，適當放鬆一下，它會使你精神大振並投入新一輪的工作。

創意智慧型

充滿智慧的大腦，是挖掘不盡的金礦，世界上再沒有比智慧，更令人敬仰的東西了。

曾經有一個在石油公司工作的青年，他沒有很高的學歷，也沒有什麼特別優秀的技能，所以他在公司幹著一項非常簡單的工作。那就是，當焊接機沿著旋轉臺上旋轉的石油罐蓋子，自動滴下焊接劑後，他要巡視並確認，自動焊接機有沒有把石油罐蓋焊接好。

他每天就這樣好幾百次地重複著這項工作。沒有多長的時間，他便開始厭煩了。他很想改行，卻又找不到其他的工作。時間久了，他就想，要使自己能夠繼續做下去，就必須自己找點事情做。於是，他開始關注自己這份十分無聊的工作。

他發現，隨著每一次油罐旋轉，焊接機總是滴落三十九滴焊接劑，焊接工作便結束。於是，他就思考：在這一連串的自動焊接過程中，是否有可以改進的地方呢？

一次，他突發奇想：如果能將焊接劑減少一兩滴，那是不是能夠節省成本呢？

於是，他經過一番研究，製造出了「三十七滴型」自動焊接機，但可惜利用這種機器焊接出來的油罐偶爾會漏油，所焊接的油罐品質也達不到標準要求。但他並不灰心，又研究出了非常完善的「三十八滴型」自動焊接機。這種焊接機的使用，不僅節省了成本，而且縮短了工作時間。公司對年輕人的評價很高，並對他開始提升任用。

不久，這種新型的「三十八滴型」自動焊接機在全公司推廣使用。雖然每一個石油罐僅節省一滴焊接劑，但由於公司的業務量很大，一年就為公司帶來了五億美元的利潤，而節省的時間帶來的效益，更是無法計算。

這名青年，就是後來掌握了全美石油產業業九五％控制權的石油大王——約翰・迪・洛克菲勒。

我們每個人都是凡人，但自懂事時起，我們就各懷理想，心有大志。或許是理想太遠，或許是時間太匆忙，我們往往忽略了身邊平凡的小事。但事實證明，也許這正是我們起飛的基點，也正是改變我們目前的處境，取得實質性突破的關鍵。學會用你的腦子去思考吧，它可以使你富有，使你成功。

人生中有很多事情，皆因角度不同而看法各異。你必須集中精力去看生活，學會用多角度去思維。擁有創造力的第一步，便是要堅信自己與生具有創造力，並且對於自己的能力深信不疑。智慧便是內在的財富，改變看法才能擁有創意。

下面是有關於創造的小故事，它們的主人翁都是普通人。但這些發明，現在已成為人類生活的一部分，並為它們的發明者帶來了巨大的利益。看過這些故事後請想一想，你是否也可以培養無限的創意呢？

戈德曼是目前超級市場人人必需的購物推車的發明者。一九三七年他在奧克拉荷馬城超級市場購物時，觀察到顧客個個提著、背著裝滿物品的筐和背袋，排著隊等待著結帳。他靈機一動，於是試製了一輛四輪小型推車，結果深受消費者和超級市場老闆的歡迎，而獲得了重大發明專利。

今天大受歡迎的蛋捲霜淇淋也源於一個偶然的聰明的巧合。哈姆威是出生在大馬士革的糕點小販，一九〇四年在美國路易斯安那州舉行的世界博覽會期間，他被允許在會場外面出售甜脆薄餅。他的旁邊是一位賣霜淇淋的小販。

夏日炎炎，霜淇淋賣得很快，不一會兒盛霜淇淋的小碟便不夠用了。忙亂之際，哈姆威把自己的熱煎薄餅捲成錐形，來作小碟用。結果冷的霜淇淋和熱的煎餅巧妙結合在一起，受到了出乎意料的歡迎，被譽為「世界博覽會的真正發明」，獲得了前所未有的成功。

怎麼樣？創意就這麼簡單吧！智慧的鑰匙就在你的手中，培養一種創意智慧的性格，會讓你事半功倍、高人一等。

下面是培養創意智慧的秘訣：

一、多思為本，敏想為上

俗話說：「刀不磨會鈍，腦不用會笨。」把「思想者」的石膏像置於你的案頭，它會時時督促你思考、思考、再思考。同時，要學會快速思維，讓電光石火閃亮在腦中。

二、知識積累，資訊提煉

要成為專家，記憶中需蘊貯五萬「塊」感知過的事物，這需要耗時十年左右。所以，不要忽視看似偶然渺小的創意，它都是以雄厚的知識積累為基礎的。記住機遇只光顧有準備的頭腦，厚積才能薄發，才能巧妙地取得意想不到的成功。

三、大膽假設，自由聯想

拋棄頭腦中固有的陳規陋習和自我約束，從不同角度對某一事物進行聯想（改變、替代、組合等），直覺往往就產生在這些假設、聯想中。舉世聞名的「科學幻想之父」儒勒・凡爾納在他的作品中就作了大膽的設想，電視、直升飛機、潛艇、導彈……幾乎沒有一樣二十世紀的奇蹟不被這位維多利亞女王時代的人物預測到。

四、反覆醞釀，隨時捕捉

直覺是一位難以捉摸的貴客，它往往突如其來地降臨。無論是文藝創作還是科學研究人員，準備一本「靈感記錄本」是至關重要的。世上的大發明家一般都是這樣做的：把湧現出來的各種想法，一一記錄在筆記本上。一旦有了一個新的構思，及時地把它記錄下來，進而其他新的想法，往往會像墨水被吸出來似地不斷湧現出來。所以，要養成隨時記錄的習慣，即使現在做的事與發明無關，但今後終究會有所受益。

好的習慣從優秀品格開始

樹立自信，尊嚴無價

在繁華的紐約第十五大道旁，有一個靠推銷鉛筆為生的人，過往的行人看他衣衫襤褸，都很憐憫他，人們把錢扔給他，卻並不去取他手中的鉛筆。有一個商人把一美元丟進賣鉛筆人的懷中，也像其他人那樣匆匆走開了。

但不久，商人又回到了那個賣鉛筆人的跟前，從他手中取走了幾支鉛筆，並抱歉地解釋說自己忘記取了，還希望他不要介意。臨走時，商人對他說：「你我都是商人，你的東西要賣，而且有標價。我付了錢，也該取回我買的東西。」

幾個月過去了，在一個隆重的社交場合上，一位穿著整齊的推銷商向這位商人祝酒，並自我介紹說：「您可能已經不認識我了，我到現在也不知道您的名字，但我將永遠記得您。當我是一個衣衫襤褸的鉛筆推銷員時，是您給了我自尊和自信，它們是我今天能夠成功的法寶。」

格蘭爾・唐納說過：「假如你把一條魚送給一個人，你只能養活他一天，但是，假如你教會他怎樣去捕魚，你卻能夠養活他一輩子。」我們總有一些處境艱難和偶遇挫折的朋友，有時我們自己也會陷入精神不振的狀態，這是任何人都無法避免的事情，尤其是在現在這麼一個競爭激烈、步伐迅捷的時代。

當你的朋友處於困境中向你求助時，記住，你所給予他的，不應只是安慰和金錢，更重要的是幫他重新樹立自尊和自信，教會他怎樣開始新的生活，這樣，他會記住你一輩子的，或許僅僅是因為一句話。

寬厚待人，以誠為本

這句話也許是老生常談，一般人聽都聽得耳朵長繭了，但真正做到它卻著實不容易。艾莉是一個活潑開朗，苗條美麗，心眼好學識也好的女孩子，但像許多女孩子一樣，艾莉在擇偶上要求異常嚴格，二十七歲還「獨守空閨」。

朋友們都為她著急，她自己也交過一些男朋友，但交往一段時間後均以失敗告終。別人問她原因，她就說：「個性不合啊！我有時性子急，發起脾氣來誰也受不了，我自己也控制不住，所以最後只好分手了。」

朋友們為了安慰她，常和她打撲克牌，誰知姻緣就在這撲克牌上定了下來。一個來自鄉村沒見過什麼世面的貧窮男孩子「俘獲」了她，他們兩個很快成雙入對了。朋友們逼他們交待戀愛過程，那位女孩毫不掩飾地說：「他是個很聰明的人，打牌時能將每個人的牌都算得很準，說明他頭腦清醒。更難得的是，他牌好時能給對方留餘地，牌不好時也能不急不躁，反而寬慰對方。這說明他心地寬厚，能包容人，經過一段時間的考驗，果然如此，所以我就投降了。」

很多人都覺得她還是很有眼光的，那男孩的確是一個純樸寬厚至極的人，很聰明很善良又很知退讓，兩者結合在一起是很不容易的，那男孩做到了，所以他獲得了自己的幸福。

寬厚和愛心是上帝給我們人類特殊的贈予，我們要慷慨地拿出它為自己營造一個美麗的生存花園。有可能我們都是凡夫俗子，也許我們註定了終生不會有什麼大的作為與造化，也許我們的漫漫人生終究不會轟轟烈烈。

但環顧四周，有許多人正因有了你的存在而受益、而高興，有很多人正因有了你的微笑和鼓勵而振奮、而溫暖，世界的偉大是由你我的平凡誕生，你漫不經心地一舉一動也許就改變了一個人的整個人生。讓我們以寬厚誠實的心來對待這個世界，來對待每一個人吧！你會發現，回答微笑的仍是微笑。

遵守諾言，信任他人

相互信任是人生存的第一條件，它是一種具有約束力的心靈契約，它是社會平穩、人與人和平共處的基礎，也是人性中最寶貴的部分。

但現在提起這種品格，人們都會有點感傷地說：「信任哪裏還有啊，現在是誆騙虛假的世界。房子偷工減料，買東西缺斤短兩；人人都爾虞我詐，誇獎你是假，打敗你是真。」難道信任真的像遍地的偽劣產品一樣，像日益乾涸的黃河長江一樣嗎？人人都習慣了旁觀和冷漠，那我們這個世界不是成了一片荒蕪的沙漠了嗎？不，我們不允許世界這樣畸形地發展，我們要重新找回信任。

也許下面的故事不僅僅是傳說。

兩個淘金人在起伏的沙海中迷了路，他們的食物和淡水已快耗盡，他們已經疲憊不堪了。這時，一個衣衫襤褸的老者出現了，他說：「你們跟我走吧，我雖然沒有水和食物送給你們，但我能找到出路。」

兩個人相互地望了望，反覆權衡之後，其中的一個決定跟著老者走，而另一個人卻不信任這個骨瘦如柴、衣衫襤褸的人，他堅持要留下來，自己尋找一條便捷的路。

決定走的人跟著老者歷盡了艱辛，終於到了水草豐茂的村莊，而那個堅持者，卻成了風沙的犧牲品。

我們可以持有懷疑，但我們又怎能沒有信任？只有彼此間的信任，才是我們生存的根源，才是我們堅定生活下去的信念。就像那個不信任老者的人，僅僅是因為懷疑，就拒絕了信任，進而也就拒絕了原本可以璀璨的生命。

有良好習慣的人辦事有條理，不會手忙腳亂，這實際上就節省了時間。節省了時間也就延長了生命，你就可以利用有限的人生看更多的風景，做更多的事情，想更多的問題，享受更多的快樂。

成功講座 414

最強的
時間管理

海鴿文化出版圖書有限公司
Seadove Publishing Company Ltd.

作者　佛蘭克・B・吉爾布雷思
譯者　王奕偉
美術構成　騾賴耙工作室
封面設計　南洋呆藝術工作室
發行人　羅清維
企畫執行　林義傑、張緯倫
責任行政　陳淑貞

出版　海鴿文化出版圖書有限公司
出版登記　行政院新聞局局版北市業字第780號
發行部　臺北市信義區林口街54-4號1樓
電話　02-27273008
傳真　02-27270603
e - mail　seadove.book@msa.hinet.net

總經銷　創智文化有限公司
住址　新北市土城區忠承路89號6樓
電話　02-22683489
傳真　02-22696560
網址　https://reurl.cc/myMQeA

香港總經銷　和平圖書有限公司
住址　香港柴灣嘉業街12號百樂門大廈17樓
電話　（852）2804-6687
傳真　（852）2804-6409

CVS總代理　美璟文化有限公司
電話　02-27239968　e-mail：net@uth.com.tw

出版日期　2025年03月01日　二版一刷

定價　320元
郵政劃撥　18989626　戶名：海鴿文化出版圖書有限公司

國家圖書館出版品預行編目資料

最強的時間管理／佛蘭克.B.吉爾布雷思作.，王奕偉編譯.
--二版，--臺北市 ： 海鴿文化，2025.03
面 ； 公分. －－ （成功講座；414）
ISBN 978-986-392-552-1（平裝）

1. 時間管理　2. 工作效率

494.01　　114000877